吴文勇 著

# 城市视觉污染及整治研究

U0229063

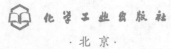 化学工业出版社

·北京·

## 内容简介

本书从城市规划、视觉设计和环境科学等角度出发，融合设计学、美学、文化学、社会学、心理学、城市学等不同学科领域的知识，提出了当下城市视觉污染的概念和现状，对产生视觉污染的原因做了深入、系统的分析和研究，而且也提出了切实可行的解决方案，为城市视觉形象的建构和城市更新背景下如何建设健康、宜居的诗意栖居环境提供了有益的路径。

本书能够为从事城市建设、城市管理和视觉设计的相关人员，以及相关专业的师生提供有价值的参考。

## 图书在版编目(CIP)数据

城市视觉污染及整治研究 / 吴文勇著. —北京：化学工业出版社，2022.11 （2023.6重印）

ISBN 978-7-122-42006-0

Ⅰ．①城… Ⅱ．①吴… Ⅲ．①城市-光污染-污染防治-研究 Ⅳ．①X5

中国版本图书馆 CIP 数据核字(2022)第 148361 号

责任编辑：彭爱铭
责任校对：王　静
装帧设计：张　辉

出版发行：化学工业出版社
　　　　　(北京市东城区青年湖南街 13 号　邮政编码 100011)
印　　装：北京科印技术咨询服务有限公司数码印刷分部
710mm×1000mm　1/16　印张 11　字数 188 千字
2023 年 6 月北京第 1 版第 2 次印刷

购书咨询：010-64518888
售后服务：010-64518899
网　　址：http://www.cip.com.cn
凡购买本书，如有缺损质量问题，本社销售中心负责调换。

定　　价：80.00 元　　　　　　版权所有　违者必究

# 前　言

城市是人类文明的标志，是社会发展到一定阶段的必然产物。城市形象是城市给予人们的整体视觉感受，城市的第一印象正是通过城市视觉形象来传递的，良好的视觉形象有利于城市形象的塑造。城市形象，不仅体现在外在的城市物质，还体现在城市内在的文化特质。进入 21 世纪，中国城市建设在经济快速发展的基础上，正式步入注重特色和文化的发展新阶段，越来越多的城市开始有意识地塑造自己的城市文化形象，城市建设也从规模化向质量化转变，从注重速度向注重内涵转变。然而，中国城市的飞速发展带来的城市视觉污染现象依然严重，正影响着人们的身心健康，制约着城市的进一步发展。

从城市建设的角度来看，对城市视觉污染进行系统研究，能有效消除城市中的视觉乱象问题，为人们提供良好的居住环境，有利于人们的身心健康，有利于城市形象的塑造，增强城市特色和文化。因此，城市视觉污染的整治是为了更好地塑造城市形象，提升城市品质和人居环境质量，让城市变得更美好，也为人们提供诗意的栖居环境。

本书从视觉审美和文化建设的角度对城市形象建构中的视觉污染进行了系统研究，指出诗意栖居的城市视觉环境建设需要城市文化的回归、科学的城市规划、设计师的精心设计、多方参与的协同管理以及公众审美能力的提升。

本书共分 6 章。

第一章是绪论，起到提纲挈领的作用。城市在快速发展的过程中存在着困扰城市可持续发展的问题，由于过多地追求规模化和利益化，对于"人"的要素和"文化"的要素重视程度远远不够，也忽略了城市视觉形象的建设，城市视觉秩序的乱象导致视觉污染的现象普遍存在。

第二章为城市形象概述。从城市形象的概念入手，论述特定历史时期出现的"城市美化运动"，并对当代中国的城市美化进行述评，指出城市美化运动对中国现代城市建设的影响在一定程度上美化了城市环境，但同时割裂了城市文脉和城市历史，每一个城市从标志性建筑、城市景观、大型公园等政绩工程来美化城市，忽视了对城市历史和文化的挖掘和研究，成了徒有其表的"空壳城市"。

第三章为中国城市视觉污染的现状研究。城市视觉污染主要是指所在城市整体规划布局不合理、城市广告杂乱无章、城市色彩不协调、城市公共艺术缺乏美感等现象,它们通过视觉给人们心理造成不适,对人的身心健康产生一定的影响和危害。从城市视觉污染具有直接性、复杂性、广泛性、持续性和差异性等特点进一步分析视觉污染对城市环境的影响以及对公众身心健康的危害。分别从户外广告与视觉污染、店面招牌与视觉污染、公共艺术与视觉污染、城市色彩与视觉污染、城市建筑与视觉污染、光污染与视觉污染六个方面分别论述中国城市视觉污染的现状。

第四章为中国城市视觉污染原因分析。结合城市视觉污染的现状,分别从城市文化的缺失、审美能力的缺乏、盲目的城市规划、城市管理的滞后、设计意识的不足和公众参与的缺失等几个方面深入剖析当下中国城市视觉污染的原因,为城市形象的塑造和视觉污染的治理找出病灶。

第五章为中国城市视觉污染整治策略。分别从城市审美文化的重塑、科学的城市规划、城市视觉形象设计、设计师的责任与能力、多方参与的协同管理等方面提出解决城市视觉污染问题的策略,为城市形象的塑造提供切实可行的路径。

第六章为城市更新背景下的城市形象。城市更新不同于传统的大拆大建,而是把城市文化、环境改善、城市公共空间的品质提升作为城市建设的重心。从城市更新理念出发,通过分析设计在城市更新中对城市形象建构所起的作用进行论述,指出城市更新的目标是诗意的栖居,而诗意的人居环境是城市未来发展的必然,是城市发展的最终归宿。

由于时间仓促,加之本人水平有限,书中不足之处在所难免,欢迎读者批评指正。

吴文勇
2022 年 7 月

# 目 录

第一章 绪论 --------------------------------------------1

　第一节　城市视觉污染研究背景及意义 -----------------1

　　一、研究背景　　　　　　　　　　　　　　　1

　　二、研究意义　　　　　　　　　　　　　　　3

　第二节　国内外城市形象与视觉污染研究 --------------4

　　一、国外关于城市形象的研究现状　　　　　　4

　　二、国内关于城市形象的研究现状　　　　　　6

　　三、国外关于视觉污染的研究现状　　　　　　7

　　四、国内关于视觉污染的研究现状　　　　　　8

　第三节　研究方法与创新之处 -----------------------10

　　一、研究方法　　　　　　　　　　　　　　　10

　　二、创新之处　　　　　　　　　　　　　　　11

第二章 城市形象概述 -----------------------------12

　第一节　城市形象的概念 --------------------------12

　　一、何为城市?　　　　　　　　　　　　　　12

　　二、城市形象的定义　　　　　　　　　　　　14

　　三、城市形象的特点　　　　　　　　　　　　15

　第二节　城市美化运动 --------------------------18

　　一、城市美化运动产生的背景　　　　　　　　18

　　二、城市美化运动的主要内容　　　　　　　　20

　　三、城市美化运动对中国城市建设的影响　　　21

　第三节　城市文化 ------------------------------23

　　一、城市文化的概念　　　　　　　　　　　　23

　　二、城市形象与城市文化　　　　　　　　　　24

第三章 中国城市视觉污染现状的研究 -------------- 28

　第一节　城市视觉污染的概念与特点 --------------- 28

　　一、污染的定义及危害　　　　　　　　　　　　28
　　二、城市视觉污染的定义　　　　　　　　　　　30
　　三、城市视觉污染的特点　　　　　　　　　　　30
　第二节　户外广告与视觉污染 ----------------------32
　　一、户外广告的历史　　　　　　　　　　　　　32
　　二、户外广告的特征　　　　　　　　　　　　　34
　　三、户外广告视觉污染现状　　　　　　　　　　35
　第三节　店面招牌与视觉污染 ----------------------38
　　一、店面招牌的历史　　　　　　　　　　　　　38
　　二、店面招牌的基本特征　　　　　　　　　　　39
　　三、城市店面招牌视觉污染现状　　　　　　　　41
　第四节　公共艺术与视觉污染 ----------------------42
　　一、公共艺术的概念　　　　　　　　　　　　　42
　　二、公共艺术的特征　　　　　　　　　　　　　43
　　三、公共艺术视觉污染现状　　　　　　　　　　46
　第五节　城市色彩与视觉污染 ----------------------49
　　一、城市色彩释义　　　　　　　　　　　　　　49
　　二、城市色彩的功能　　　　　　　　　　　　　50
　　三、城市色彩视觉污染现状　　　　　　　　　　52
　第六节　城市建筑与视觉污染 ----------------------54
　　一、城市建筑美学　　　　　　　　　　　　　　55
　　二、城市建筑视觉污染现状　　　　　　　　　　58
　第七节　光污染与视觉污染-----------------------63
　　一、光污染的定义　　　　　　　　　　　　　　63
　　二、光污染的分类与现状　　　　　　　　　　　64
　　三、城市光污染的危害　　　　　　　　　　　　68

**第四章　中国城市视觉污染原因分析 -------------------- 72**
　第一节　城市文化的缺失 ------------------------72
　　一、失去记忆的城市　　　　　　　　　　　　　72
　　二、注重物质轻视精神　　　　　　　　　　　　75
　　三、城市文化资源的缺失　　　　　　　　　　　76
　第二节　审美能力的缺乏 ------------------------77
　　一、美育教育薄弱　　　　　　　　　　　　　　78

  二、审美从众心理          80

  三、"审美"还是"审丑"      81

 第三节 盲目的城市规划 ----------------------- 82

  一、城市规划同质化        83

  二、城市规划的随意性       84

  三、城市规划缺乏保护意识    85

 第四节 城市管理的滞后 ----------------------- 87

  一、城市管理制度不完善     87

  二、城市管理机构未形成合力   89

  三、城市管理简单化        91

 第五节 设计意识的不足 ----------------------- 92

  一、利益主导的设计取向     93

  二、设计伦理的缺失        93

  三、设计能力的不足        95

  四、速成设计师的介入       95

 第六节 公众参与的缺失 ----------------------- 96

  一、公众意识淡薄         97

  二、参与机制不完善        98

**第五章 中国城市视觉污染整治策略**-------------------**101**

 第一节 重塑城市文化----------------------- 101

  一、正确处理好经济、功能与文化的关系 102

  二、城市文化的保护与发展    105

  三、城市审美文化的重构     108

  四、城市文化的定位        110

 第二节 科学的城市规划 ----------------------- 112

  一、城市总体规划         113

  二、城市户外广告规划原则    115

  三、城市色彩规划原则       117

  四、城市公共艺术规划原则    119

  五、城市照明规划原则       122

 第三节 城市视觉形象设计 --------------------- 125

  一、城市视觉形象设计的原则   125

  二、城市品牌形象的视觉化    127

三、城市色彩的提炼    131

四、城市户外广告与店面招牌设计    133

五、城市公共艺术设计    136

六、城市照明设计    139

第四节　设计师的责任与能力 ------------------------ 142

一、设计师的社会责任    143

二、设计师的职业能力    146

第五节　多方参与的协同管理 ------------------------ 149

一、城市视觉形象管理的原则    150

二、管理制度不断健全和完善    153

三、多方参与城市治理    156

**第六章　城市更新背景下的城市形象** ------------------- **159**

第一节　城市更新与城市形象 ------------------------ 159

一、城市更新提升城市形象    160

二、城市更新彰显设计的力量    162

第二节　城市有机更新与诗意栖居 ------------------- 163

一、城市更新中的环境美学    163

二、诗意的人居环境    165

**参考文献** --------------------------------------- **167**

## 第一章 绪论

随着中国经济的高速发展和综合国力的不断提升，中国经历了人类有史以来最大规模的城市化进程，取得了举世瞩目的成就。城市建设从追求数量到注重质量和内涵建设转变，各类公共服务设施日益完善，人们的生活品质得到了极大的提升，"人文城市""山水城市"逐渐成为各个城市建设的目标和追求。当然，在快速发展的过程中也存在着困扰城市可持续发展的问题，不少城市仍然过多地追求规模化和利益化，对于"人"的要素和"文化"的要素重视程度远远不够，也忽略了对于城市视觉形象的建设，城市视觉秩序的乱象导致视觉污染的普遍存在。美国建筑学家沙里宁说："城市是一本打开的书，从中可以看到它的抱负。让我看看你的城市面孔，我就能说出这个城市在追求什么文化。"❶当我们去观看中国城市的面孔时，会发现"千城一面"的同质化现象比较严重，城市的品质和魅力被不断淡化，城市的文化和特色不断消失。

## 第一节　城市视觉污染研究背景及意义

### 一、研究背景

自20世纪80年代以来，随着我国改革开放基本国策的全面实施，我国的城市化进程飞速发展，取得了令人瞩目的成就。2021年5月11日，第七次全国人口普查主要数据公报公布，截至2020年末，全国常住人口城镇化率为63.89%（表1-1），较2010年的49.68%提升14.21个百分点，城镇化程度进一步加快，但就整体城市化水平而言，与发达国家80%以上的

---

❶【美】伊利尔·沙里宁. 城市：它的发展、衰变与未来·序言[M]. 顾启源 译. 北京：中国建筑工业出版社，1986：18.

城市化水平相比，还有广阔的发展空间。这场人类历史上史无前例的城市建设给越来越多的中国人带来了一直向往的城市生活，但在飞速发展的城市化进程中也出现了各种亟待解决的问题，包括城市结构与规划、空间形态、视觉审美、自然环境以及城市历史文化的保护和发展。

表 1-1　中国城市化率每 10 年统计表（1950～2020 年）

| 年份 | 城市化率/% |
| --- | --- |
| 2020 年 | 63.89 |
| 2010 年 | 49.68 |
| 2000 年 | 36.22 |
| 1990 年 | 26.41 |
| 1980 年 | 19.39 |
| 1970 年 | 17.38 |
| 1960 年 | 19.75 |
| 1950 年 | 11.18 |

　　著名建筑与城市理论家吴良镛院士曾指出中国城市在取得巨大成就的同时存在的各种问题："一些大的城市中心区逐渐形成，高楼林立，但千楼一面，毫无特色；由于小轿车的发展，交通混乱，步行者难以驻足；历史城市，大拆大改，城市记忆一天天丧失，极为著名的历史环境，无与伦比的自然环境，由于缺乏精心的整体设计，横加破坏，沦为平庸之作……"❶随着中国城市化步伐的不断加快，城市问题集中凸显，不仅失去了精神方面的特色和文化，其中的污染问题更是影响着人们的健康，水质污染、大气污染、土壤污染等各种环境污染正在蔓延，严重制约着城市的良性发展，已经引起政府和人们的高度重视，特别是近年来大半个中国范围内的雾霾天气使得人们的日常生活和工作深受其害。但是，普通大众往往对普遍存在的视觉污染视而不见，其同样也正在侵蚀着人们的身心健康。当我们置身于现代城市时，各种视觉污染随处可见，现代城市中出现的各种视觉污染，是伴随着城市景观、城市规划发展不合理而出现的一种新型污染形式。它不仅直接影响着人们的视觉感受，而且潜移默化地影响人们的身心健康，与我们所提倡发展城市人文精神，建立人文城市的内涵相违背。

　　城市是人类文明的标志，是社会发展到一定阶段的必然产物。城市形象，是城市给人们的最直观的感受和印象，不仅体现在外在的城市物质，

---

❶ 吴良镛. 积极推进城市设计提高城市环境品质[J]. 建筑学报，1993（3）：5.

还体现在城市内在的文化特质。进入 21 世纪，中国城市建设在经济快速发展的基础上，正式步入注重特色和文化的发展新阶段，越来越多的城市开始有意识地塑造自己的城市文化形象，城市建设也从规模化向质量化转变，从注重速度向注重内涵转变。然而，中国城市的飞速发展带来了城市视觉污染现象依然严重，制约着城市的进一步发展。

## 二、研究意义

城市是人类智慧文明的象征，亚里士多德说："人们为了活着，聚集于城市；为了活得更好，而居留于城市"。城市的建设不仅仅依赖经济的发展，更应立足于城市的形象和文化，我国在几十年内完成了发达国家几个世纪的城市化进程，必然会面临各种亟待解决的问题，空前高速发展的城市建设抹杀了许多城市的独立品格，而这种独立品格恰恰是与其特有的城市形象和城市文化紧密相连。美国杰出的城市规划专家凯文·林奇在其代表著作《城市意象》一书中指出："城市的边界、区域、节点、标志物的不同色彩和尺度，让人们对城市有不同的第一印象。"❶城市形象是城市给予人们的整体视觉感受，城市的第一印象正是通过城市视觉形象来传递的，良好的视觉形象有利于城市形象的塑造。然而，从中国城市的当前现状来看，城市视觉污染现象较为严重，正在侵蚀着人们的身心。因此，相关研究既有现实意义，又有理论价值。

首先，从城市建设的角度来看，对城市视觉污染进行系统研究，有利于城市形象的塑造，增强城市特色和文化。城市建设是一项系统工程，是以城市规划为基础，通过包括对城市建筑、城市公共设施等在内的各种物质形态进行建设和改造，对城市形象和文化等非物质形态进行提炼和塑造，为人民创造良好的居住环境，使得城市的物质文明和精神文明建设和谐发展。中国城市建设盲目扩张的现象仍然严重，"急功近利"的思想导致城市建设中的问题突出，城市建筑越来越高，体量越来越大；城市的历史文化、地域特色逐渐消失；城市的公共艺术与城市形象脱节；城市的"同质化"现象严重等一系列问题给城市建设和发展带来危机。

如何对城市进行科学、合理的规划，会影响到整个城市文化和城市形象。当前，城市视觉污染的普遍存在跟城市规划布局不合理、色彩不和谐、园林和雕塑无美感等现象不无关系，已经严重影响了城市文化的传承和人们身心的健康。有效地解决城市视觉污染问题对城市精神文明建设的发展

---

❶ 【美】凯文·林奇. 城市意象[M]. 方益萍，何晓军 译. 北京：华夏出版社，2001：8.

有一定的促进作用。因此，对于对城市视觉污染的研究能为当前城市建设提供有益的参考。

其次，对城市视觉污染的研究，能有效消除城市中的视觉乱象问题，为人们提供良好的居住环境，有利于人们的身心健康。人作为城市的主体，都直接或间接参与着城市建设，城市视觉污染影响着每一个市民的日常生活，有待于全体市民的共同努力，发挥主人翁意识，积极促进良好城市形象的形成。城市形象建设的最终目的是满足城市人群的行为需求和情感需求，给人们心目中留下一个城市文化的意象。

从人们身心健康的角度来看，视觉污染不亚于汽车排出的废气和工地所发出的噪声污染，长时间置身于视觉污染的环境中，会使人产生炫目感和疲劳感，引起头晕目眩，注意力不集中，心绪不宁，自控力差，导致健康水平下降，严重者还会引起神经衰弱和心血管疾患。然而，视觉污染对人们所造成的影响是潜移默化的，人们往往对其生活的视觉污染环境变得"习以为常"。

最后，对城市形象和视觉污染的研究，从理论研究角度来看，有利于把设计学、美学、文化学、社会学、心理学、城市学等不同学科领域的研究成果联系起来，对相关知识进行整合。城市形象作为一门新兴学科，是多学科的融合，目前研究城市形象大多从城市规划和环境科学等角度进行，从视觉污染的角度研究城市形象的塑造具有较强的理论意义。

# 第二节　国内外城市形象与视觉污染研究

## 一、国外关于城市形象的研究现状

国外对于城市形象的研究最早可以追溯到古希腊古罗马时期，是与城市规划、建筑美学、和城市文化等方面紧密联系在一起的。古希腊的雅典卫城，古罗马的城市设计、神庙以及公共浴场等，从实践的角度对城市美学和城市规划进行研究。公元前 1 世纪的古罗马军事工程师马克·维特鲁威在其所著的《建筑十书》中就提出："建筑还应当能够保持坚固、实用、美观的原则。"❶由此可见，在强调建筑功能性的前提下，建筑的美学意义和美学价值被重视，并运用在当时的建筑实践和城市规划中。在此基础上，

---

❶ 【古罗马】马克·维特鲁威. 建筑十书[M]. 高履泰 译. 北京：中国建筑工业出版社，1986：14.

书中又提出了城市景观的概念，并把城市环境美学、城市符号和城市建筑形象等融入城市景观设计中，强调它们对城市视觉形象的影响。可以说，对美学层面的重视是对城市形象的初期认识，也为后来"城市美化运动"的出现提供了理论基础和实践参照。

"城市美化运动"主要是指 19 世纪末、20 世纪初欧洲国家针对整治城市环境的景观改造运动。这项运动反映了人们对城市美好形象的追求。1903年，美国著名学者马尔福德·罗宾逊首先提出了"城市美化"这一概念，倡导城市美化运动，以解决当时美国社会和城市普遍存在的脏乱差问题，达到改变城市形象的目的。随着"城市美好"理念的不断深入，不少学者和设计师纷纷从美学和艺术视觉的角度对城市形象进行研究和实践。奥地利设计师卡米诺·西特在 1889 年出版了《城市建设的艺术原理》一书，西特考察了大量中世纪的欧洲城市和街道，探讨了城市建筑物、纪念物和公共广场之间的关系，从城市公共艺术和空间环境方面分析了城市视觉形象，提出了现代城市规划的艺术原则和理想中的城市特征，重视城市环境中所生活的人，西特提出"建造城市时，不仅给居民以保护，而且给居民以快乐"的城市设计理念，对现代城市形象的塑造具有很强的参考价值；美国学者史蒂文·布拉萨的《景观美学》、阿诺德·柏林特的《环境美学》、英国景观艺术家 G·卡伦的《城市景观艺术》和吉伯德的《城市设计》分别从景观、环境、城市和设计的角度进行城市形象和美学的研究，对当代城市美学产生了极大的影响。

"城市形象"这一概念最早是由美国著名的城市规划专家凯文·林奇于1960 年在其代表著作《城市意象》一书中提出，他从城市规划的角度强调城市形象建设的重要性，指出城市形象是通过诸如"道路、边界、区域、节点和标志物"等物质形态在内的视觉元素体现出来的，书中强调城市形象主要是通过人的综合感受而获得。凯文·林奇作为 20 世纪最杰出的人本主义城市规划理论家，他的《城市意象》和 1981 年出版的《城市形态》两本著作成了现代城市规划设计的最经典著作之一，对后来城市形象的研究起到里程碑的作用。1980 年，日本建筑学家卢原义信的《街道的美学》结合大量的实例分析了城市的外部空间，特别是街道、景观和住宅的美学规律，从人文精神入手，探讨东西方文化观念、哲学思想的差异以及在东西方街道美学中的异同。这部著作汲取了东方传统的哲学思想，具有较强的美学价值。随着国外各国对城市文化和城市形象建设的重视，对城市形象的理论研究和实践探索的学者越来越多，文献资料和实践案例也变得越来越丰富。

## 二、国内关于城市形象的研究现状

中国对于城市形象的系统研究起步较晚，主要集中在改革开放之后的几十年。但美学观念在中国古代城市建设的实践中早已存在，最早源于城市规划。中国古代最有影响的城市规划理论著作，先秦古籍《周礼·考工记》中有关"匠人营国，方九里，旁三门。国中九经九纬，经涂九轨，左祖右社，面朝后市，市朝一夫"的记载，早在两千多年前就已经提出关于城市整体规划的基本思想。这种以宫殿为中心轴的对称、平衡、和谐的规划格局一直影响着中国古代的城市规划和建设，唐代的长安城、明清的北京城就是典型的代表，蕴含着丰富的美学思想。到了宋代，随着商业的繁荣，除了完整的城市规划外，城市的道路、交通设施、市容市貌甚至是装饰美化等城市建设均有了进一步的发展，《马可·波罗游记》中描述了中国巨大的商业城市，不错的交通设施以及华丽的宫殿建筑，甚至还描述了杭州城的市容清洁，人们讲究卫生。中国古代的城市美学是在其哲学理念基础上发展而来的，注重物质环境和精神追求的完美统一。

20世纪初，受西方城市形象研究的影响，越来越多的学者开始关注中国城市美学和城市形象。1928年，中国近代造园学的奠基人陈植先生在《东方杂志》上撰文论述南京城时强调："美为都市之生命，其为首都者，尤需努力改进，以便追踪世界各国名城，若巴黎、伦敦、华盛顿者，幸勿故步自封，以示弱于人也。"❶把城市的审美提到了极高的位置。随着美学大讨论的兴起，美学家开始关注城市，1987年6月，天津城市建设部门组织了以"城市环境美"为主题的学术研讨会，邀请国内的一些知名美学家、建筑师、艺术评论家、工程师等参加对城市环境美问题进行讨论，1989年天津市社会科学院技术美学研究所编的《城市环境美的创造》一书出版，这本书汇集了35篇对城市环境美进行论述的优秀文章，特别是李泽厚、吴良镛等大家的参加，让大家对城市环境美的讨论和关注产生了广泛的影响。李泽厚从"民族性"和"天人合一"的思想论述城市环境美学，把现代性和民族精神结合起来，交融一致，进行城市建设和环境美化；吴良镛先生论述了城市美的艺术规律，从整体的美、特色的美、发展变化之美和空间尺度韵律之美四个方面论述城市之美，还提出了城市社会的复杂性决定了不同层面的人对城市的美的认知是有差异的观点。❷

国内首次提出"城市形象"这一概念是在1988年4月，郝慎钧先生翻

❶ 陈植. 南京都市美增进之必要[J]. 东方杂志，1928，25（13）.
❷ 天津社会科学院技术美学研究所. 城市环境美的创造[M]. 北京：中国社会科学出版社，1989.

译了日本学者池泽宽所著的《城市风貌设计》，这本书指出："城市的风貌是一个城市的形象，反映了一个城市特有的景观和面貌，风采和神志，表现城市的气质和性格，体现了市民的精神文明。"❶明确提出了城市形象的理念，他认为城市形象能给人留下深刻的印象，是一个城市最有力、最精彩的高度概括。这一时期，国内越来越多的学者开始重视和探讨"城市形象"的研究，出现了一批有影响的学术专著和文章，如陈俊鸿的《城市形象设计：城市规划的新课题》、仇保兴的《优化城市形象的十大方略》、梁圣复的《对城市形象的思考》、成朝晖的《人间·空间·时间——城市形象系统设计研究》、孙湘明的《城市品牌形象系统研究》等，国内学者从不同的视角探讨城市形象的塑造、推广和宣传，对中国城市形象的发展起到了积极的推动作用。

进入 21 世纪，除了学术领域的理论研究外，越来越多的城市开始注重城市形象的建设，从自身的城市历史和地理位置进行城市形象设计，积极打造特色城市。比如上海通过"上海市最佳企业形象七条标准""公务员形象识别系统""市民形象识别系统"等一系列措施来积极推广上海城市形象的建设。然而，尽管不少城市在积极打造城市形象方面进行了实践的探索，但目前来看，对城市形象塑造的成功案例并不多，在城市形象建构过程中还存在着许多亟待解决的问题。

## 三、国外关于视觉污染的研究现状

在城市形象塑造过程中不得不面对城市视觉污染的存在，视觉污染由来已久，但一直不被人们重视。国外对视觉污染的研究，最早是 1972 年 John H.Barrett 在期刊《Marine Pollution Bulletin》上面发表了《国家公园的视觉污染》一文，是有资料可查的最早关于视觉污染的研究，主要指出英国地方政府在道德和财政上的支持不足导致公园环境的逐步恶化。1973年，美国西密歇根大学 J·罗伯特的学位论文《架空线及相关结构的视觉污染研究》对架空线所导致的视觉污染进行了系统的研究。2016 年，学者 Portella Adriana 出版了专著《视觉污染：广告、标牌和环境质量》一书，是从户外广告和标牌的角度对视觉污染进行系统研究的著作。书中从城市建筑、规划和受众心理角度研究了户外广告和商业标志对城市视觉质量以及人们生活质量的负面影响。尽管人们对于视觉污染问题已经进行了广泛的辩论，但对于如何在不同的城市背景下最好地控制商业标牌以及

---

❶ 【日】池泽宽. 城市风貌设计[M]. 郝慎钧 译. 天津：天津大学出版社，1989.

对来自不同背景和文化的人们是否具有普遍性或独特性，尚无明确的结论。书中列举了几种不同的商业标牌方法应用于不同的历史名城，指出这些举措并非基于从用户的感知和评估中得出的。本书对英国和巴西的一些历史悠久城市进行对比研究，研究了商业标牌控制管理、历史遗产的保存以及用户的喜好和满意度等问题。作者采用一种环境行为方法来进行这项研究，涉及环境心理学、建筑、规划和城市设计有关的理论、概念和方法。

尽管对于视觉污染的理论研究还处于初级阶段，其研究成果也较少。但许多西方国家一直重视视觉污染的预防工作，美国1965年的《联邦高速公路美化法案》限制了州际公路和联邦援助道路上广告牌的放置，它大大减少了在这些道路上放置的广告牌的数量。美国有致力于预防视觉污染的组织，邓恩基金会是一个通过教育计划提高公众对美国视觉污染和景观外观的认识的组织，该基金会为3至12年级的学生设计了一个教育性互动套件，介绍如何改善社区的视觉环境；另一个致力于防止视觉污染的公司是 Scenic America，它是一个非营利性组织，其愿景是确保风景秀丽的保护区在发展经济的同时减少视觉污染。2006年9月，巴西圣保罗通过了《清洁城市法》，禁止使用所有户外广告，包括广告牌、公交车和商店前的广告。圣保罗的这一规定曾引起很大的争议，但毋庸置疑，《清洁城市法》对城市的治理和优化起到了积极的作用，随着城市环境逐渐改善，这一规定已经深入人心。

## 四、国内关于视觉污染的研究现状

国内关于视觉污染的研究较少，还未见有以"视觉污染"为主题的专著出版。研究内容涉及到"视觉污染"的主要有：2008年高金章教授的《广告与网络广告污染研究》，本书主要从广告和网络广告的精神污染、文化污染、环境污染和政治污染四个方面进行分析污染的成因及治理对策，更多地着眼于广告内容污染的研究，对广告的视觉污染着力不多；2012年出版的清华美院马泉教授《城市视觉重构——宏观视野下的户外广告规划》一书从城市视觉秩序的角度论述城市户外广告的视觉乱象，提出城市视觉秩序的全新框架，将户外广告规划纳入城市视觉秩序建构和城市形象中，指出城市视觉秩序的建构是城市形象乃至国家形象的最直观展现。国内对于视觉污染的研究，较早的有1986年5月2日《人民日报》刊登了程鑫的文章《什么是城市视觉污染》，文中对城市视觉污染的定义和范围进行了

8

界定，指出"对于城市视觉污染给人带来的影响，我们不能掉以轻心，应注意预防和治理，按'美的规律'建设城市，规划城市，力求使城市总体规划布局达到一种和谐的美。"❶1991 年张寒松的《城市的视觉污染》一文在《华中建筑》杂志发表，文中从城市视觉污染的内容入手，主要分析不同色彩对于人的生理和心理的影响，指出"我们防止和治理城市的视觉污染，应按照'美的规律'进行城市设计、城市建设，力求使城市的整体形象达到最大程度的和谐"❷。南京大学环境学院李钢、朱晓东、孙翔等人的《城市户外广告环境容量研究——城市视觉环境污染控制新领域》一文立足于环境科学、视觉环境和景观生态学三个学科的交叉点，创造性地提出"城市户外广告环境容量"的概念，并以南京市作为实例研究提出"建筑立面户外广告密度指数"对户外广告环境容量进行计算和评价；苏州科技学院建筑与城市规划学院罗曦、黄耀之的《历史文化街区视觉污染问题及其对策分析》一文以历史文化街区为立足点，强调视觉污染是一个给城市景观和历史文化街区的保护都带来严重威胁的问题，从历史文化街区视觉污染的因素谈起，分析了其现状问题和产生的原因，并针对这些问题和原因提供了可行的解决方法和途径；西南大学资源环境学院葛小凤等人的《人文精神变革下的城市视觉污染及其防治》在分析了城市的硬环境和软环境存在的几个重要的视觉污染的基础上，提出了发展人文城市，杜绝城市污染源的几点建议。

就城市文化与艺术设计角度而言，对于城市视觉污染研究，王川《喝断城市视觉污染》一文从城市建筑、城市雕塑入手，从美学的角度分析当前城市视觉污染的严重性；西班牙马德里完全大学杨华《设计——清除视觉污染》从视觉设计的角度对当前的视觉污染提出设计本身是清除视觉污染的主要方法和途径；哈尔滨建筑大学杨莉等人的《浅谈城市建筑色彩视觉污染》对城市建筑色彩进行了剖析，力求从建筑色彩上给人们营造高雅、美观、舒适的生活环境。2013 年湖北工业大学谢矗的硕士论文《论商业"小广告"的视觉污染及治理》从商业"小广告"兴起的社会背景入手，进一步分析当前商业"小广告"视觉污染的现状，从营销策略、视觉改善等方面提出治理视觉污染的对策。

从国内的研究文献可以看出，一些学者从不同的角度和领域对视觉污染进行了研究，提出了一些有价值的治理方案和措施，对城市形象的改造起到了一定的积极作用。但整体来看，关于视觉污染的研究成果还较为薄

---

❶ 程鑫. 什么是城市视觉污染[N]. 人民日报，1986-5-2（6）.
❷ 张寒松. 城市的视觉污染[J]. 华中建筑，1991（04）：59-60.

弱，特别是着眼于城市形象和视觉文化的角度对其进行的研究，目前学术界尚无系统的研究成果，更缺乏对城市视觉污染治理的系统研究。

# 第三节 研究方法与创新之处

## 一、研究方法

对于城市形象和视觉污染的研究本身就是一个复杂的社会问题，涉及到城市规划、城市文化、城市管理以及城市居民等一系列方面，必须结合不同学科、不同方法通过不同视角进行综合研究。

### 1. 文献分析与实地考察相结合

积极收集国内外关于城市形象和视觉污染方面的文献，对文献资料进行认真研读、梳理，汲取对本课题有价值的资料和观点。另外，城市视觉污染研究实践性较强，资料的收集不仅在文献中，还需要通过走访多个城市进行实地考察，掌握最直接的第一手图片资料和数据资料，结合文献进行研究。

### 2. 定性分析和定量分析相结合

城市形象和视觉污染这两方面更多的是人的感官的认识，以美学理论为支撑，涉及到人们的审美感知和审美判断，运用归纳和演绎、抽象与概括等方法，以定性分析为主。但为了研究更具有科学性，在定性研究的基础上，采用适当的定量分析的方法，通过问卷调查等方法收集数据，进行实证的分析。

### 3. 多学科综合研究法

城市形象研究具有很强的综合性和复杂性，应在城市美学、文化学理论研究的基础上，结合建筑学、艺术学、设计学、景观学、管理学等不同学科的知识，吸收不同学科的不同研究方法，多角度、全方位地对城市形象和视觉污染这一主题进行系统、深入的研究。

### 4. 比较研究法

比较研究法主要立足于纵向和横向两个方面进行比较，中国古代城市形象与当下城市形象的比较，西方现代城市形象和中国现代城市形象的比较。它山之石，可以攻玉，通过比较，能更好地进行反思，并通过借鉴科学的、合理的方面为我国城市形象的塑造和视觉污染的整治提供可能的方案。

## 二、创新之处

本书从视觉审美和文化建设的角度对城市形象建构中的视觉污染进行系统研究，指出诗意栖居的城市视觉环境建设需要城市文化的回归、科学的城市规划、设计师的精心设计、多方参与的协同管理以及公众审美能力的提升。

本书采用社会学中定性研究和定量研究相结合的方法对城市形象和视觉污染进行研究，在研究过程中通过感性和理性、经验和数据、价值判断和事实判断等方面进行归纳和总结，探寻城市视觉污染研究的新思路。

## 第二章 城市形象概述

城市形象，简而言之，就是城市给人们的总体印象和感受。当我们试图去了解一个陌生的城市时，往往首先会通过这个城市的建筑、道路、交通、公共设施等最直观的外在特征对这个城市产生第一印象；进而会深入城市的大街小巷、博物馆、规划馆去了解这座城市的历史、文化和风土人情；真正了解一座城市还需要去接触和了解城市中生活的人，只有这样，才能对一座城市的形象有较为客观的认识。城市形象不仅是通过外在的实物特征来体现，还通过城市的历史文化和精神风貌来塑造。

# 第一节　城市形象的概念

## 一、何为城市？

追溯"城市"的本义，在中国古籍文献中，城市是"城"和"市"的组合词，是两个相互不同的概念。《管子·度地》记载："内为之城，外为之廓"，《吴氏春秋》曰："筑城以卫君，造郭以居民。"城是作为抵御外敌的围墙而保护居于其中的国君而存在的，更多地具有政治性特征。《易经·系辞下》："日中为市，致天下之民，聚天下之货，交易而退，各得其所。""市"指交易货物或商品的场所，具有经济性特征。这是中国城市的最原始形态，尽管与现代城市相比有很大的差异，甚至还算不上真正意义上的城市，但已经具备了城市的部分特征了。英文中，city 是从拉丁语 civitas 演变而来的，原意指人类的聚集地，而后发展成了市民和城邦等概念。从词源上来看，中西方早期对"城市"的理解有一定的差异，中国早期的城市兼具政治性和经济性，而西方更多的是政治性和社会性。

生活在城市里的人很少会考虑什么是城市，但对于城市而言，从来就没有过一个标准或者统一的定义。"城市是人群的生态体系系统；城市是物质生产分配的空间；城市是个力场（类似磁场的概念）；城市是相互关联的决策系统；城市是斗争的舞台；城市是人性的产物；城市是文明人类的生活环境。"❶很多学者从地理学、社会学、城市规划学、经济学等不同角度对城市进行定义。简明不列颠百科全书从地理学方面认为："城市是一个相对永久性的高度组合起来的人口集中的地方，比城镇和村庄规模大，也更重要。"❷马克思和恩格斯在《德意志意识形态》中从社会学的角度对城市进行了论述，他们认为："城市本身表明人口、生产工具、资本、享受和需求的集中。"德国社会学家马克斯·韦伯在《城市》一书中说："城市永远是个'市场聚落'，它拥有一个市场，构成聚落的经济中心，在那儿城外的居民及市民以交易的方式取得所需的工业产品或商品。"❸韦伯对城市的定义立足于社会学和经济学的角度。即使是美国著名城市理论家刘易斯·芒福德都觉得很难给城市下定义。芒福德曾经对城市有过富有想象力的描述："城市是地理的网络工艺品，是经济组织和制度的过程，是社会行为的剧场；集中统一体的美学象征。一方面，它是一般家庭及其经济活动的基础；另一方面，它又是重大行为和表现人类高度文化和戏剧的舞台装置。城市在培育艺术的同时，它本身就是艺术；在创造剧场的同时，它本身就是剧场。"❹芒福德从经济和艺术的角度去定义城市，具有很强的创造性。

我国很多著名的学者和专家也曾对城市进行定义，钱学森从系统论的角度对城市进行概括："城市是以人为主体，以空间和自然环境的合理利用为前提，以积聚经济效益和社会效益为目的，集约人口、经济、科技、文化的空间地域大系统。"❺我国建筑界和城市规划界的泰斗吴良镛院士认为："城市最本质的特征是它积聚了人类的两大文明——物质文明和精神文明。"❻体现了人文主义的思想。中国城市发展研究会副理事长朱铁臻从文化的角度论述城市："我认为城市的本质是文化，这里所说的文化，是广义的概念，既有物质文化，又有精神文化，它是人类社会的独特创造，

❶ 宋俊岭. 城市的定义和本质[J]. 北京社会科学，1994（02）：108-114.

❷ 《简明不列颠百科全书》编辑部 译编. 简明不列颠百科全书[M].2 卷. 北京：中国大百科全书出版社，1985：271.

❸ 【德】马克斯·韦伯. 非正当的支配：城市的类型学[M]. 康乐，简惠美 译. 南宁：广西师范大学出版社，2005.

❹ 矶村英一. 城市问题百科全书[M]. 哈尔滨：黑龙江人民出版社，1988.

❺ 唐恢一. 城市学[M]. 哈尔滨：哈尔滨工业大学出版社，2004：23.

❻ 刘涛，王光宇. 城市的起源及本质[J]. 湖南城市学院学报，2006（06）：69-72.

是城市之所以为城市，人之所以为人的根本特征……城市本身就是一件杰出的文化产品，是文化的最高境界。"❶

总之，对于城市定义的讨论，各个领域专家的观点互不相同，都从某个方面触及了城市的部分本质问题。我们相信，随着城市的不断发展，城市的内涵和外延也将不断地变化，应该用动态的观点、发展的眼光去讨论城市、看待城市。

## 二、城市形象的定义

每个城市，都会由于它的地理位置、自然特征、生态环境、历史文化和经济发展等个性特征给人以不同的形象。

形象，亦作"形像"，中国自古有之。《说文解字》："形，象形也。"《庄子·天地》曰："物成生理谓之形"。在中国古代"形"的内涵比较丰富，但更多是指客观存在物体的现状、外貌等。象，指肖像、物象、外貌等。《尚书·尧典》："象恭滔天"。这里的象就指人的外貌。《易传·系辞传上》："在天成象，在地成形，变化见矣。"这里的"象"指象形，引申为情状。因此，在中国传统文化中，形象一般是指人的外貌或者物的形状。把"形象"一词合用最早见于《吕氏春秋·顺说》，"善说者若巧士，因人之力以自为力，因其来而与来，因其往而与往。不设形象，与生与长，而言之与响；与盛与衰，以之所归。"这里的形象指具体的事物。

随着历史的发展和社会的进步，形象的含义也在不断发展和深化。从心理学来看，人对形象的感知源于知觉和感觉，因此，形象就是人们通过自己的感官对外界事物在大脑中形成的整体印象，使人们产生印象、观念、思想或情感的物质。形象又是一个美学概念，主观感受性尤为重要。因此，形象不只是外在所存在的物质本身，还是人们感知物质后的一种主观的认识和情感，是主观与客观的统一，物质与精神的统一。

"城市形象"最早是由美国著名学者凯文·林奇于1960年在其经典著作《城市意象》一书中提出，"城市形象是一种'公众意象'，是公众对城市的总体评价和认知，包括理念形象、行为形象、视觉形象等。"他认为任何一座城市都应该有一种公众印象，而这种公众印象首先来源于城市的"可读性"，"一个可读的城市，它的街区、标志物或是道路，应该容易认明，进而组成一个完整的形态"❷。这里的"可读性"主要是指城市景

---

❶ 朱铁臻. 认识城市本质 建设魅力城市[N]. 经济日报，2005-02-27（5）.

❷ 【美】凯文·林奇. 城市意象[M]. 方益萍，何晓军 译. 北京：华夏出版社，2001：2.

观表面的清晰性，也就是物体外形特征的可识别性，每个城市都应该具有自己的"可读性"，这种"可读性"是区别于其他城市的最重要的部分，也正是城市自身最具特色的部分。林奇认为城市形象主要是通过公众的综合感受获得的，他通过城市的道路、边界、区域、节点和标志物五个元素的物质形态论述城市形象的重要性。

　　林奇更多的是从生活在城市中的人对城市外观物质形态的总体印象来论述城市形象的。随着城市的不断发展，对城市形象的研究也越来越深入，在凯文·林奇的基础上不少学者从城市文化、城市精神、城市管理等方面进行研究，拓展了城市形象研究的范围。"城市形象是指公众对一个城市的内在综合实力、外显表象活力和未来发展前景的具体感知、总体看法和综合评价，反映了城市总体的特征和风格。"[1]城市形象所涵盖的范围特别广泛，包含政治、经济、文化、生态等诸多方面，城市的市容市貌以及市民素质也是城市形象的一部分。学者何国平认为："城市形象是人们对城市的主观看法、观念及由此形成的可视具象或镜像，由精神形象（信念、理念等）、行为形象与视觉表象（形象与识别系统等）三个层次组成。"[2]

　　因此，城市形象是指人们对城市的自然环境、社会环境、人文环境所体现出来的精神风貌的总体印象。城市自然环境是指城市中未被人类改造的自然部分，包括城市的地形地貌、水源环境和大气环境；社会环境则包括人工创造的物质环境，比如城市建筑、街道、交通、公共设施等；城市人文环境主要指城市的历史文化、风俗习惯、市民的价值观念和行为方式等。

## 三、城市形象的特点

　　城市形象是一个城市的外在表现，每一个城市都有自己特有的形象，比如，北京的古朴之风、苏州的江南水乡、上海的摩登时尚、哈尔滨的俄罗斯风情、三亚的海滨风光……每一个城市都给人以不同的感受。也正是由于各个城市不同的物质文化和精神文化造就不同的城市风格和城市形象。城市形象主要呈现以下几个方面的特点。

### 1. 综合性

　　城市形象具有综合性的特点，是一个整体的系统工程，不仅包括城市

---

[1] 陈映. 城市形象的媒体建构——概念分析与理论框架[J]. 新闻界，2009（5）：103-104，118.
[2] 何国平. 城市形象传播：框架与策略[J]. 现代传播（中国传媒大学学报），2010（08）：13-17.

的物质文化部分，还包括城市的精神文化部分，城市的每一个部分都是城市形象不可或缺的，只有各个部分形成相互作用、相互影响的有机整体，才能更好、全面地反映城市形象。有着"桂林山水甲天下"美誉的桂林，其城市形象的体现首先在于其"山青、水秀、洞奇、石美"的自然景观方面，桂林的漓江和象鼻山给人留下了深刻的印象；桂林的城市形象还体现在深厚的历史文化底蕴上，包括多民族融合的地域文化、万年古陶遗址的甑皮岩史前文化、明代靖江王城文化以及桂剧、桂林民歌等一系列历史文化；这些都是桂林独特的自然景观资源和文化资源，是塑造桂林城市形象最具特色的部分。然而，桂林形象的塑造还在于以城市规划、市容市貌、城市建筑和公共设施为主的物质形态，以城市的文化氛围、精神理念、管理水平和市民行为为主的精神形态，共同构建了桂林的总体印象。因此，城市形象是一个有着内涵丰富的信息综合体，每一个信息都影响着城市形象，也构建着城市形象。

## 2. 独特性

每一个城市都是独一无二的。由于每一个城市的地理位置、历史文化和当下发展有所差异，体现出来的城市形象理应有所不同，城市形象的最大魅力就在于它的与众不同和独特性。以休闲著称的成都，处处透着"人间烟火味，最抚凡人心"的独特气质，遍地的农家乐和茶社是成都市民最喜欢去的地方，人民公园的鹤鸣茶社已有近 100 年的历史，一杯清茶可以缓解生活的压力；成都的酒吧和书店数量在全国名列前茅；成都人民为了吃上一顿美味的火锅，可以排队三四个小时；熊猫基地每年有上千万的客流量……成都的大街小巷处处可见成都人的温和和闲适。正是这些与众不同的休闲文化形成了成都独特的城市形象。而厦门给人的第一印象是"文艺"，"文艺有很多种，有一种叫作'很厦门'"，鼓浪屿作为一座小岛，不仅有"万国建筑博览"之称，小岛还是音乐的沃土，钢琴拥有密度居全国之冠，因此又被称为"音乐之乡""钢琴之岛"；厦门大学被称为中国最美的大学之一；曾厝垵是中国最文艺的文创渔村，成为大量艺术家的聚集地，厦门到处充斥着文艺气息。即使是一座新城，也会因为其经济实力和发展规划的不同，同样存在着独特性。只有 40 余年建市史的深圳市，作为中国最年轻的城市之一，同样体现着它特有的城市形象。提到深圳，我们首先想到的是曾经创造了举世瞩目的"深圳速度"，有"中国硅谷"的美誉；2008 年，深圳成为中国第一个"设计之都"，曾经的"世界工厂"从"深圳制造"向"深圳创造"转变，深圳给人留下深刻印象的是它的充满活力和开放、包容。因此，不管是作为历史悠久的成都还是年轻城市深圳，都有其特有的气质和文化，正是由于这些气质和文化的不同塑造了独特的城市形象。

### 3. 主观性

城市形象既是一种客观的存在，又是人们的主观感受，是人们对城市的总体印象，而印象和感受本身带有一定的主观性。城市的主观感受会因为一个人的经历、遭遇、知识背景等差异，对城市的认知和感受也会有所不同。比如，对于被称为"不夜城"的西安，每当夜幕降临，整个西安就变成了光的世界、灯的海洋。很多外地游客被西安夜景的美丽所震撼，但很多西安本地居民却深受其害，被满城的光污染所困扰，影响他们的睡眠和身心健康。每个人对城市形象的感受都是局部的，任何人都不能感受全部城市形象，城市形象是城市局部的个人体验。有时会因为接触了城市里某一个人的不文明行为而对城市产生不好的印象，也可能因为一个人的热心帮助而对城市产生莫名的好感，因此，对一个城市的感受，主观性很强。当然，"一旦城市形象通过历史和现实的结合，在公众媒体的宣传下，成为多数人的感知或凝聚成一个总体说法时，这种城市形象就不是个人的一般价值感受，而是'社会看法'或是'社会整体流行看法'，这种看法往往会介入更多人的主观，形成一个总判断或流行看法。"❶因此，对一个城市的总体形象是大多数人主观性的感知。

### 4. 识别性

城市形象的塑造不仅仅需要通过城市的精神和市民的行为，同样需要视觉元素的传递，通过城市特有的视觉元素给人们留下直观的印象。城市的标志就是最典型的视觉元素，是城市精神和文化经过升华凝练后的图形形象，既形象鲜明，又易于识别，还能体现丰富的文化内涵。以被称为人间天堂的杭州为例，大众对杭州的印象不只是作为自然景观的西湖和作为文化景观的雷峰塔、三潭印月，还有国际动漫城、西湖博览会、代表互联网科技的阿里巴巴，等等。因此，杭州的城市形象不仅仅体现在城市独特的自然景观和建筑上，还体现在城市的精神和文化上。杭州于 2008 年 3 月推出了杭州城市形象标志（图 2-1），通过标志向大众传递杭州的美和千百

---

❶ 张鸿雁. 城市形象与城市文化资本论——中外城市形象比较的社会学研究[M]. 南京：东南大学出版社，2002：49-50.

年来特有的气质，标志以汉字"杭"的篆书进行演变设计，体现了中国传统文化的底蕴，而代表中国近现代篆刻艺术高峰的西泠印社和中国印学博物馆就坐落在杭州；"杭"字还结合了建筑、园林、帆船、拱桥、城郭等杭州本土文化元素进行设计，凸显了杭州独有的城市特征和文化；标志整体形象似一艘航船，"杭"字古意就有"船、舟"的意思，与杭州得名取自于"大禹舍舟登岸"的历史典故相结合，表现了杭州的历史悠久；"杭"又通"航"，象征杭州扬帆起航、锐意进取的时代风貌。杭州的城市形象具有典型的视觉识别性特征，能很好地传递城市形象。

图 2-1　杭州城市标志

# 第二节　城市美化运动

　　城市形象是一种视觉形象和审美形象，审美感觉和审美知觉是我们认识和感知城市形象的基础。从柏拉图的"理想国"到维特鲁威的"理想城市"再到柯布西埃的"现代城市"，从考工记中的城市布局到"园林城市""山水城市"的营造，古今中外，在城市的发展过程中一直有对城市美学的追求，但对于城市形象有意识地进行审美建构则产生于城市美化运动。

## 一、城市美化运动产生的背景

　　"城市美化运动（City Beautiful Movement）主要是指 19 世纪末、20 世纪初，欧美许多城市针对日益加速的郊区化倾向，为恢复城市中心的良好环境和吸引力而进行的城市'景观改造运动'。"❶"城市美化运动"可以追溯到 16～18 世纪欧洲的理想城市和巴洛克城市设计。巴洛克城市设计作为当时一种新的设计模式，重视城市广场的建设，最主要特征是网状结构，强调对称和规则的几何形式美。而城市美化运动作为一种设计思潮，最早出现在美国，这场运动始于 1893 年芝加哥世界博览会。1903 年，美

---

❶ 李亮. 分形梳理——城市美化运动的当代启示[D]. 北京：中央美术学院，2014.

国著名学者马尔福德·罗宾逊首先提出了"城市美化"这一概念，倡导城市美化运动，以解决当时美国社会和城市普遍存在的脏乱差问题，达到改变城市形象的目的。

19世纪，工业革命传到美国，美国的经济在工业革命的推动下得到了迅速的发展，城市化进程也进入鼎盛时期。城市急速发展的同时带来了一系列的城市问题，城市污染问题尤为严重。例如，有着"世界钢都"的匹兹堡，在1884年的时候被人们称呼为"烟城"："从最好的方面来说是个烟雾弥漫的阴森森的城市。从最坏的方面来说世上再也没有什么地方比这个城市更黑暗、更污秽、更令人沮丧的了。从矿山、工厂、居民区等处冒出的一股股烟柱汇成一大片乌云，笼罩着整个天空。大量的废铁、炉渣、垃圾直接倒入河中……"❶1904年马克斯·韦伯来到了芝加哥，看到芝加哥触目惊心的城市现状后写道，这座城市"像一个被剥光了皮的人，你可以看见他的肠子在蠕动"❷。19世纪末20世纪初美国城市环境的急剧恶化是导致城市美化运动的最主要原因。在这一背景下，一批有着社会理想的改革者、设计师、雕塑家等为了解决日益突出的城市环境问题，呼吁美化城市和改善城市形象，发起了城市美化运动。

美国近代城市景观规划的单一性和趋同性是城市美化运动形成的另一个原因。受巴洛克城市规划和设计的影响，越来越多的城市景观呈现标准的方格网规划特征，因为几何形的规则最有利于土地的出让与城市的功能组织，还能达到利益的最大化。这种简单而机械的规划形式在当时就引起了一些学者的关注："常常为了先入为主之见而牺牲了美，尤其是他们坚持使他们的街道直角相交，而全然不顾地理位置或周围的地形。"❸这种简单而粗暴的规划方式在一定程度上缓解了美国城市人口不断增长带来的土地不足问题，但从视觉形象的角度来看，却缺乏美学特征及城市文化。

然而，城市美化运动仅仅只存在了16年的时间，以1909年的美国第一届全国城市规划大会上对城市美化运动的批评和抵制为结束的标志。尽管现在看来，这一运动的局限性很大，特别是在塑造城市特色和人文精神方面有很大的缺陷，但城市美化运动中提出的恢复城市中失去的视觉秩序与和谐之美的核心思想一直延续到今天，影响着各个城市的规划和实践，直到今天，仍然有很多城市在践行着这一理念。

---

❶【美】吉尔伯特·菲特，吉姆·里斯. 美国经济史[M]. 司徒淳，方秉铸 译. 沈阳：辽宁人民出版社，1981：585.

❷【美】罗杰斯. 传播学史[M]. 殷晓蓉 译. 上海：上海译文出版社，2005：207.

❸【美】丹尼尔·布尔斯廷. 美国人[M]. 时殷弘等 译. 上海：上海译文出版社，2009：386.

## 二、城市美化运动的主要内容

城市美化运动的内容极其丰富，其倡导者查尔斯·鲁滨逊于 1901 年出版了著作《城镇的改进》，成为城市美化运动诞生的宣言书，被称为"城市美化信仰者的圣经"。"他在该著作中主张，城市的任何部分都应该是美的，'城市艺术的感染力应该运用于社区的每一个部分'。他一再强调美与实用是不可分割的。比如一座雄伟的桥梁，'我们不仅要满足于其持久耐用和牢固有力，而且还应该加上和谐、优雅和美丽'。他还论述了城市功能方面的改进：排污、交通、水道、运动场、街道模式和铺砌、照明、环境卫生，以及各类公益物品等，还要控制烟雾、噪声和广告牌等。" ❶ 鲁滨逊强调了美和实用的原则，还提出了对城市的各个方面进行改进，无疑具有很强的积极意义。

城市美化运动的主要内容包括以下几个方面。

第一，规划城市公园和林荫道系统。城市美化运动的思想最早是通过城市公园和林荫大道系统来实践的，形成了著名的"公园运动"。美国的城市公园从 19 世纪中期开始就在各个城市陆续建设，但总的来看，各城市公园之间缺乏联系，功能定位比较单一，没有形成互通的公园网络，发挥公园的最大作用。城市美化运动提出在城市规划时对城市公园进行综合设计，通过城市的林荫道加强公园之间的联系，形成系统，在审美和功能方面能使城市形成更好的整体性。城市公园和林荫道系统在美国城市美化运动中最具有实践性的代表城市是密苏里州的堪萨斯城，规划在城市内部建立三个公园，彼此之间通过林荫道进行连接，不仅能为城市带来更多的绿色空间，起到美化环境，使城市摆脱混乱的局面，还能提高人们的精神生活，对城市居民起到很好的精神治愈作用。当然，通过规划城市公园和林荫道系统也能促使土地价值的增长和当地城市经济的发展。

第二，城市设计。如果说规划城市公园和林荫道系统只是对城市的某一方面进行局部的设计，那么城市设计就是对城市的整体形象进行规划和设计。城市美化运动的城市设计提出城市应该是为社会公共目标而进行的整体设计，不是为个体的利益进行的设计。城市设计的倡导者重视精神上审美价值，强调所设计的城市结构应该是完整清晰的。城市设计强调户外空间设计的重要性，通过户外空间的设计来进一步强化城市审美。

第三，城市艺术。城市艺术主要包括两个方面，一是通过城市公共艺术来增强城市的审美形象，比如城市雕塑、壁画、灯光、城市家具等。1880

---

❶ 孙群郎. 美国城市美化运动及其评价[J]. 社会科学战线，2011（02）：94-101.

年巴塞罗那通过《裴塞拉案》来加快城市美化的步伐，其中最重要的手段就是在城市公共空间设置艺术品，这一法案最终促进了巴塞罗那的公共艺术和城市雕塑创作的第一个高峰期，也奠定了巴塞罗那成为艺术之城的基础。二是可以通过对城市现有的公共设施和街道等进行装饰来美化城市，对于枯燥单调的城市公共设施和破旧的街道进行修饰，营造良好的城市氛围，使得城市的面貌焕然一新。

第四，城市改革。城市的规划和建设不可能脱离城市的政治、经济和文化。19世纪末的美国，在城市飞速发展的同时，带来了诸多的社会问题，城市美化运动企图在对城市形象美化的同时运用政策法规和经济手段来推进城市的改革。城市美化运动实质上不仅仅只是从审美的角度对城市环境进行美化，同时也是一项通过美化城市来推动城市政治、经济和社会进步的运动。城市美化运动的实践者希望通过城市外在形象的美化来推动城市的改革和社会的变革，美化人们的心灵，消除城市犯罪，进而为城市居民创造舒适的居住环境。

城市美化运动只存在了短短 16 年的时间就宣告失败，这和其本身的局限性和在规划实施的过程中带来的一系列问题是分不开的。这个运动的局限性是很明显的，它被认为是"特权阶层为自己在真空中做的规划""这项工作对解决城市的要害问题帮助很小，装饰性的规划大都是为了满足城市的虚荣心，而很少从居民的福利出发，考虑在根本上改善布局的性质。它并未给予城市整体以良好的居住和工作环境。"[1]1909 年 5 月，在华盛顿召开的美国首届城市规划会议上，城市规划专家本杰明率先对城市美化运动发起了抨击。他认为，"城市美化运动主张的中轴线林荫大道、公园、政府大厦、市民活动中心等巨大公共工程确实很有魅力，但没有从本质上关注社会问题，对穷人来说，他们只能偶尔从其肮脏压抑的环境逃离出来，去欣赏那建筑的完美，去体验那遥远之地的改进所带来的美学享受。"[2]城市美化运动备受批评的是企图通过城市外观的美化解决城市中出现的一系列问题，夸大了审美在城市建设中的功能。这一运动只关注城市"美学"和城市环境的改善，而未能从根本上解决潜在的社会问题。

## 三、城市美化运动对中国城市建设的影响

城市美化运动的局限性是很明显的，但理性地看，这一运动也有一定

---

[1] 张京祥. 西方城市规划思想史纲[M]. 南京：东南大学出版社，2005：101.
[2] 李亮. 分形梳理——城市美化运动的当代启示[D]. 北京：中央美术学院，2014.

的积极意义，有许多值得我们借鉴的理念。城市美化运动最明显的一个结果就是达到了城市的美化，正是由于城市的环境得到了有效的改善，更好地塑造了城市的外界形象，城市美化运动一直影响着现代城市建设，包括中国当前如火如荼的城市规划和建设。

改革开放后，中国的经济建设得到了飞速的发展，随之而来的是城市人口的迅速增长，城市化进程不断加快，用二三十年的时间完成了西方国家两三百年的城市化过程。在城市发展过程中，城市美化运动的思想和设计理念进入中国的城市规划和设计。尽管在中国现代城市规划和建设中并没有城市美化运动的说法，但城市美化运动的设计理念和影响的确是存在的。中国的城市美化和一百年前欧美国家的城市美化运动有着不少相似之处，对城市建设起到了一定的促进作用，但同时也存在很多值得我们反思的问题。

1949 年，中国的城市总数为 132 个，只有 10%的人口生活在城市；1978 年，全国城市总数为 193 个，城市化率为 17.92%；截至 2019 年，中国的城市总量增加到 672 座，有近 8.3 亿人在城市生活，城市化率达到 60.6%。改革开放后的四十年，中国的城市数量大幅度增加，城市化率以每年超过一个百分点的速度增长，在全世界范围内是一个奇迹。城市化进程的不断增速和城市人口的迅速膨胀是与改革开放后经济的高速发展密切联系在一起的，人们的物质生活得到了极大的改善，但由于高速度发展带来的城市问题也变得越发严峻。城市工业带来了城市环境的急速恶化，大量人口涌入城市导致交通设施、公共设施严重不足等问题集中暴露。城市脏乱差的现状客观上要求城市进行美化和改造。当然，中国城市环境的状况与生活着的城市居民有着密切的关系。市民的受教育程度偏低，思想意识不高；大多数人从农村到城市，主人翁意识薄弱，小农意识明显存在；审美教育的缺失导致人们审美水平明显不足，等等，这一系列问题的存在也需要进行城市美化。

随着改革开放的不断深入和经济的快速发展，兴起了城市现代化的建设热潮，越来越多的领导和团队频繁到发达国家学习城市规划和城市建设，急功近利的政绩观使得中国城市建设"求快""求大"的现象特别严重，通过模仿和照搬国外模式进行城市规划就变得不足为奇，不仅对新型城市的规划采用照搬模式，对很多历史文化名城也进行大拆大建，几乎每一个城市都有千篇一律的城市广场和景观大道，导致千城一面。当我们置身于某一个城市时，很难找到与其他城市的差别。"今天的城市之所以没有形成个性与区别，就是因为每个城市没有在规划中考虑自己这个地方独有的天、地、人三个要素，而只剩下钢筋、水泥、玻璃等材料。在这种情况下

所有城市规划、街道、街区布局，包括单体建筑一定会不约而同地雷同，因为全世界的材料都是一样的。"❶

　　城市美化运动在一百年前所出现的致命问题在当代中国的城市建设中并未能避免，甚至有过之而无不及。它对中国现代城市建设最大的影响是一定程度上美化了城市环境，但同样割裂了城市文脉和城市历史。"在旧有城市建设的缓慢和快速城市化中对于'城市美'形态的追求在社会转型中试图用城市、建筑或者景观形态来表达和建立新时期一种有别于过去的文化特征。"❷每一个城市从标志性建筑、城市景观、大型公园等政绩工程来美化城市，忽视了对城市历史和文化的挖掘和研究，成了徒有其表的"空壳城市"。

# 第三节　城市文化

　　文化是城市的根基和灵魂，城市的建设和发展离不开城市文化，城市形象的塑造同样离不开城市文化，城市形象是一个城市文化的外显，一个缺乏文化的城市很难给人以有个性的城市形象。进行城市建设，必须要深入挖掘城市文化，在此基础上对城市进行准确的定位，才能塑造更好的城市形象；良好的城市形象可以进一步彰显城市文化，二者相辅相成，缺一不可。

## 一、城市文化的概念

　　城市文化是城市在发展过程中形成的物质财富和精神财富的总和。城市文化包括城市物质文化、城市制度文化和城市精神文化三个方面。城市物质文化是人类文明创造的通过城市的物质形态表现出来的文化，它一般是由城市中可感知的各种有形的基础设施构成，"包括城市布局、城市建筑、城市道路、城市通信设施、公共住宅、水源及给排水设施、垃圾处理设施以及市场上流通的各色商品以及行道树、草地、花卉等人工自然环境所构成的城市物质文化的外壳"❸。物质文化是指由人类创造的物质形态的

　　❶ 王鲁湘. 寻找城市形象与城市文化问题的切入点——"发展中的城市文化形象"论坛发言纪要[J]. 美术研究，2006（02）：26-32.
　　❷ 杨宇振. 焦饰的欢颜：全球流动空间中的中国城市美化[J]. 国际城市规划，2010（01）：33-43.
　　❸ 陈立旭. 都市文化与都市精神——中外城市文化比较[M]. 南京：东南大学出版社，2002：26.

存在，是人化的自然，而自然状态下存在的物质则不属于物质文化的范畴。一个城市的物质文化是城市风貌和形象的最直接、最生动的呈现，当一个人来到陌生的城市时，首先感受到的就是城市的外表。一个有特色的城市，往往任何一个具体的物象都会给人不同的感受和文化韵味。比如，北京的四合院和皖南的民居，就具有不同的建筑风格。

城市制度文化是指在城市发展过程中人类为了自身的生存和社会的发展需要所形成的规范化、制度化的体系。"城市的制度文化以城市的物质文化为基础，但主要满足于城市居民的更深层次的需求，即由于人的交往需求而产生的合理地处理个人之间、个人与群体之间关系的需求。"❶可以说，制度文化作为物质文化的工具和精神文化的产物，能更好地协调个人与个人、个人与群体、群体与社会之间的关系，促进社会的发展和人与人之间的和谐。城市制度文化贯穿于城市发展的始终，是城市文化的重要组成部分，不仅包括政治制度、经济制度、法律制度等社会制度，风俗习惯、道德伦理等社会规范也属于制度文化的范畴。

相对于城市文化表层的物质文化，城市精神文化是城市文化的内核，是人类各种意识观念形态的集合，主要包括道德、艺术、宗教、法律、习俗以及城市居民的价值观念、精神追求和行为习惯等。与显性的城市物质文化相比，精神文化具有隐性的特征。城市物质文化和精神文化不是孤立的存在，二者相互联系、相互作用，形成了一个有机的整体，共同塑造城市的文化形象。城市的物质文化是城市的直接外显部分，需要通过城市的整体规划、城市建筑、公共艺术、户外广告等物质形态体现出来，而这些物质形态的规划和设计又离不开城市的精神文化,是城市精神文化的体现。因此，城市物质文化是"形"，制度文化是"骨"，精神文化是"魂"，只有这三者形成一个有机的统一体才能更好地体现城市文化，塑造城市形象。

## 二、城市形象与城市文化

城市形象是一个城市所体现出来的综合印象，既包括物质层面的城市形态、城市建筑、城市道路、城市景观、公共艺术等城市实体，又包括精神层面的城市文明、政府形象、市民形象、群体活动等。城市形象作为一种文化范畴的构成，是其物质文化和精神文化的综合体的外在体现。冯骥才先生认为："一个城市的形象是它个性的外化，是一个城市精神气质可

---

❶ 陈立旭. 都市文化与都市精神——中外城市文化比较[M]. 南京：东南大学出版社，2002：29.

视的表现，是一个地域共性的审美，是一种文化，决不只是一种景观。"❶
城市形象本身就是城市文化的重要组成部分，是城市文化的外在表现，可
以进一步传递和彰显城市文化。

### 1. 城市文化塑造城市形象

城市文化是城市形象的精神之魂。每一座城市都有自己的文化，这个
文化是在城市发展过程中不断积累的，是城市居民的共同情感，也是城市
得以不断发展的内在动力。构建美好的城市形象，必须立足于城市文化，
对城市文化进行提炼，通过文化传递城市形象。如果说一座城市外在的物
质形态是城市的躯壳，那么，其内在的文化则是一个城市的灵魂。上海是
一座历史文化名城，是一座移民城市，东西方文化在此交融，形成了具有
鲜明特色的海派文化，上海城市形象建构融入了海派文化的特色，立足于
多元与包容，体现了海纳百川的上海城市精神。

城市文化是城市形象的力量之源。城市是文化的容器，城市文化是一
座丰富的宝库，既有历史文化，又有现代文化；既有物质文化和制度文化，
又有精神文化；既有传统文化，又有流行文化；既有主流文化，又有民间
文化。这些文化是城市形象建构取之不尽、用之不竭的源泉。中国当下的
城市形象更多还是通过城市特有的自然资源和历史遗产向人们传递，然而，
在有限的自然资源条件下，更应该从城市文化入手，充分利用各种文化资
源表现城市的内涵和魅力。

城市文化是城市形象的特色之本。每一个城市由于其独特的地理位置
和历史文化，在城市的发展过程中，形成了有自身特色的城市文化。不同
的城市文化塑造着不同的城市形象，"有特色的城市形象，是历史、文化、
自然、建筑、产业、管理和服务等一系列个性特色构成的综合体，但贯穿
其中的主线和灵魂是城市文化。"❷脱离城市文化，只会导致千篇一律的城
市形象，城市形象的特色就无从谈起。然而，中国当下城市建设出现了较
为严重的"千城一面"的现象，正是由于城市在发展和建设的过程中，舍
弃了传统，割裂了文化，丧失了自己城市最具特色的部分，才使城市形象
的建构变成无源之水、无本之木。因此，要建构有特色的城市形象，必须
根植于城市文化。

❶ 冯骥才. 寻找城市形象与城市文化问题的切入点——"发展中的城市文化形象"论坛发言纪要[J].
美术研究，2006（02）：26-32.

❷ 成朝晖. 人间·空间·时间——城市形象系统设计研究[M]. 杭州：中国美术学院出版社，2011：27.

## 2. 城市形象彰显城市文化

伊里尔·沙里宁有句名言："让我看看你的城市，我就能够说出这个城市的居民在文化上追求的是什么。"城市形象是城市文化的提炼和浓缩，是城市文化的重要组成部分，城市文化通过城市形象得到进一步的传播和彰显。

城市形象的建构通过精神文化的传承彰显城市文化。建设良好的城市形象，首先需要对城市的精神文化进行研究，而城市的精神文化涉及的范围极其广泛，需要对其进行概括和提炼，通过最具城市特色的精神文化对城市形象进行定位。在城市形象的建构过程中，很多城市都确立了自己的城市精神，城市精神是一座城市的灵魂，是城市市民精神的共同价值追求，代表着一个城市的形象。比如，上海把"海纳百川、追求卓越、开明睿智、大气谦和"作为自己的城市精神，这 16 个字很好地阐释了上海的历史文化和精神品格，是全体上海市民的共同精神追求。"海纳百川"是上海历史和现实的写照，中西融合的历史文化和兼容并蓄的现代文明造就了海纳百川的城市品格；"追求卓越"体现了上海艰苦奋斗、争当一流的精神，是上海伫立潮头的生动写照；"开明睿智"一直以来都是上海的传统文化资源，在城市的发展中不因循守旧、不抱残守缺，不断激发城市活力和智慧；"大气谦和"是上海现代文明的基石，是上海拥有强势的影响力和号召力的生动体现，极大地推动了城市的现代化发展。上海的 16 字城市精神作为其城市形象建构的组成部分，是城市精神文化的高度概括，通过人的精神和气质表现出来，更好地传递了上海的精神文化。

城市形象的建构通过制度文化的完善彰显城市文化。城市形象塑造的过程有助于进一步完善城市的各项规章制度，规范城市市民的行为，体现市民的精神形象。各个城市有"市容市貌管理办法"，针对城市市民的有"市民文明行为规范""市民守则""市民公约"等一系列行为准则，随着各项制度的完善，越来越多的城市形成了良好的社会风尚。城市个体和群体的行为直接决定了城市给人的印象，市民的言谈举止和精神风貌直接影响着人们对一座城市的看法和评价，特别是直接对外展示城市形象的"服务窗口"，更体现了一座城市的整体形象。城市政府形象和企业形象的建构过程同样是城市制度文化的完善过程，政府是城市形象的主要建构者和实施者，政府是否廉洁奉公，管理是否高效，各项规章制度是否科学合理直接影响了对该城市的看法。企业是城市的最大经济实体，一家知名的企业往往能影响人们对一座城市的影响，因此，企业各项制度的完善有利于企业形象的塑造，进而更好地提升城市形象。

　　城市形象的建构通过有特色的物质文化彰显城市文化。建筑、广场、城市雕塑、公共艺术等物质实体是城市物质文化的代表，是城市形象的直接体现。比如，城市建筑被称为凝固的音乐，建筑是城市的名片，是城市文化体现最好的载体。著名华人建筑师贝聿铭先生设计的苏州博物馆新馆就是通过建筑进一步彰显苏州文化的代表，建筑采用现代的设计手法融入了苏州的历史文化，把二者进行了完美的结合。苏州博物馆设计的重要理念是"不高大不突出"，和苏州城的总体面貌相呼应，也与苏州博物馆周边的环境相协调；设计中融入了苏州园林的特色和元素，粉墙黛瓦是江南传统建筑的主要特征，在博物馆的设计中采用白色为主黑色为辅的搭配，清淡素雅的风格与周围的水景融为一体；博物馆的设计借鉴了苏州园林的特点，建筑的内外空间很好地串联在一起，体现了传统的苏州人文特色。苏州博物馆把苏州特色和苏州文化表现得淋漓尽致，同苏州园林一起成了苏州城市形象的代表，向人们进一步传递城市文化。

## 第三章 中国城市视觉污染现状的研究

城市是人类智慧文明的象征，亚里士多德说："人们为了活着，聚集于城市；为了活得更好，而居留于城市"❶。随着中国城市化步伐的不断加快，城市污染问题日益凸显，水质污染、大气污染、土壤污染等各种环境污染正在蔓延，严重制约着城市的良性发展，已经引起政府和人们的高度重视，特别是近年来大半个中国范围内的雾霾天气使得人们的日常生活和工作深受其害。但是，普通大众往往对普遍存在的视觉污染视而不见，其同样也正在侵蚀着人们的身心健康。

## 第一节　城市视觉污染的概念与特点

谈到"污染"，大家并不陌生，在我们的日常生活中普遍存在，每天都要面对各种各样的污染源，有些污染会引起我们的警觉和重视，有些污染我们已经变得司空见惯。视觉污染是一种新的污染形式，不同于其他的污染，它通过人的视觉对人的审美和身心健康造成一定的影响。然而，由于视觉污染具有较强的隐性特征，往往容易被人们所忽视。

### 一、污染的定义及危害

我们通常所说的"污染"一般是一个环境名词，是指在自然环境中由于人类活动所造成的有害物质超出了环境的承载力，破坏了环境的生态系统，从而影响人类的正常生活。传统意义上的污染一般包括大气污染、水污染、噪声污染、重金属污染和放射性污染等。

---

❶ 【古希腊】亚里士多德. 政治学[M]. 吴寿彭 译. 北京：商务印书馆，1965.

　　这一定义中有两方面值得我们注意，首先，污染是由人类活动造成的，最后影响着人类的正常生活。污染，早已有之，但由于大自然具有一定的修复能力，手工艺时代的污染并未对环境造成大的影响。环境污染是工业革命的产物，是从用煤开始的，煤在工业生产中的大量使用，向环境中排放了大量的废水、废气和废渣。恩格斯指出："蒸汽机的第一需要和大工业中差不多一切生产部门的主要需要，就是比较干净的水。但是工厂城市把所有的水都变成臭气熏天的污水。因此，虽然向城市集中是资本主义生产的基本条件，但是每个工业资本家又总是力图离开资本主义生产所必然造成的大城市，而迁移到农村地区去经营。"❶从十九世纪开始，资本主义大工业生产所造成的环境污染已从城市向农村转移，对人们的生活造成极大的影响，并危害着人们的身体健康。1873年，英国伦敦发生了严重的煤烟污染事件，导致两百多人受害死亡。全球每年向空气中排放几十亿吨甚至几百亿吨的粉尘和有害气体，这些有害气体譬如一氧化碳、二氧化硫等污染物通过呼吸道直接进入人体内，久而久之，会导致慢性中毒、急性中毒和癌症在内的严重疾病，威胁着人类的健康和生命安全。除了工厂排出的大量废气直接危害人们的身心健康外，人们日常生活所必需的水质污染也同样严重。工厂大多依水而建，排出的污水直接向河流排放，严重破坏了水质，许多河流变成了污浊不堪的臭水沟。十九世纪的水污染使得当时的大量水生生物濒临灭绝，同时对人类的身体健康也造成了极大的威胁。

　　另一方面，污染破坏了自然界的生态系统。在自然界中，生物和环境构成一个统一的整体，它们之间相互依赖、相互制约，保持着自然和生态的稳定。工业革命以来，自然界的生态系统遭受了极大的破坏，生态系统被破坏将对人类生存发展和环境本身发展产生不利影响。比如，大气污染造成的温室效应、酸雨和对臭氧层的破坏，导致全球气候变暖，海平面上升，自然灾害明显增多，使得生物的成长发育和繁殖受到了致命的影响，大量生物的死亡和灭绝也导致了生物链的破坏，致使整个生态平衡被打破。

　　全球性的环境污染和恶化，是由于各个国家在其实现工业化的道路上对自然资源疯狂的掠夺，对自然环境不顾后果的危害。恩格斯说："我们不要过分陶醉于我们人类对自然界的胜利。对于每一次这样的胜利，自然界都报复了我们。每一次胜利，在第一步都确实取得了我们预期的结果，但是在第二和第三步都有了完全不同的、出乎预料的影响，常常把第一个结果取消了。"❷人类对自然环境无休止的破坏正让自己遭受环境的报复，

---

❶【德】弗里德里希·恩格斯. 反杜林论[M]. 中共中央编译局 编译. 北京：人民出版社，1999：295.

❷【德】弗里德里希·恩格斯. 自然辩证法[M]. 于光远等 译. 北京：人民出版社，2018.

为了眼前利益所带来的恶果往往需要几代人的努力去偿还。

## 二、城市视觉污染的定义

人自从出生以来，首先靠视觉获取信息，观察四周的环境。视觉相比于其他感觉来说，是人们认知一个物体初始阶段的直觉感知。通过视觉，人们直接感知外界物体的色彩、大小、动静、明暗等，获取各类信息。据科学测试，日常生活中有80%以上的外界信息通过视觉获取，视觉被认为是人类最重要的感觉。视觉作为人类最主要的感官具有感知范围广、获取信息快等优势。人们对于一个城市的印象和认识往往也是从视觉开始的，一个视觉形象好的城市能给人以流连忘返的感觉，而杂乱无章的城市却很难给人留下好的印象。

对于城市视觉污染，目前还没有较为统一的定义，一般可以分为广义和狭义两种。广义的城市视觉污染是指通过人的视觉感知到的对人的生理和心理造成不适的视觉存在。不仅仅包括跟城市规划和设计相关的领域，还包括城市垃圾污染、土地荒漠化污染以及视觉可见的其他污染形式。而本书所研究的是狭义的城市视觉污染，主要是指所在城市整体规划布局不合理、城市广告杂乱无章、城市色彩不协调、城市公共艺术缺乏美感等现象，它们通过视觉给人们心理造成不适，对人的身心健康产生一定的影响和危害。本书主要从城市美学和城市设计的角度研究城市所存在的视觉污染，在人们的日常生活中，城市视觉污染主要来源包括杂乱无章的广告和店面招牌、劣质平庸的景观雕塑、色彩色调的混乱、刺目无序的城市照明以及建筑物风格和体量的失调等。

## 三、城市视觉污染的特点

随着中国城市化进程的不断加快和深入，城市美化问题逐渐提上了议事日程，引起了政府和有关部门的重视。但城市视觉污染并未得到有效的解决，为了更好地了解视觉污染，有必要对其特点进行概括。

### 1. 城市视觉污染具有直接性

视觉污染最大的特点是通过视觉对人们产生不适，进而影响身心的健康，不同于当下其他主要的污染形式。大气污染是通过空气中的有害气体对人类造成伤害，很多有害气体是无色无味的，具有很强的隐蔽性，人们对这些气体在空气中的存在往往不容易立刻感受到。水污染、土壤污染等很多污染形式更不是普通大众能直接感受或体验到的，都需要借助于先进的仪器设备进行科学的检测。视觉污染具有直接性，每一个居民都可以通过视觉直接地感受到它的存在。

### 2. 城市视觉污染具有复杂性

视觉污染不同于其他的污染形式，本身具有较强的复杂性。城市视觉污染的污染源来自于城市环境和生活的各个方面、各个领域，只要是着眼于人的视觉并对视觉和身心造成一定危害的都属于视觉污染的范畴。比如，艺术领域的城市雕塑、户外广告、城市色彩等方面由于审美的缺失成了城市污染的主要来源，而这些污染本身具有一定的复杂性，对城市居民有着潜移默化的影响。视觉污染的复杂性还表现为预防难，由于受污染的途径较多，分布于生活的方方面面，使得日常生活对视觉污染的预防变得困难。

### 3. 城市视觉污染具有广泛性

视觉污染的广泛性主要表现在：一是污染人群的广泛性，日常生活中有 80%以上的外界信息来源于人的视觉，视觉污染作为一种普遍存在的污染形式，每一个人都不可避免，因此，城市视觉污染的受害对象是生活在城市里的每一个人；二是视觉污染源的广泛性，城市里的建筑、公共设施、灯光、城市垃圾等每一方面都可能存在着视觉污染；三是视觉污染的存在具有广泛性，城市视觉污染存在于城市的每一个角落，大到城市景区和城市建筑，小到城市的垃圾桶、"牛皮癣"小广告，无处不在。

### 4. 城市视觉污染具有差异性

人们对于视觉污染的认知具有差异性。比如，城市垃圾造成的视觉污染每一个人都会有统一的认识；但对于店面招牌、户外广告、城市雕塑以及城市公共设施等所导致的视觉污染，由于人们审美水平的差异却有着不同的认识。最典型的例子就是城市的光污染，灯光的普遍应用是科技进步和现代城市发展的产物，但大量城市由于对光的运用具有很强的随意性，导致了城市光污染的泛滥。很多市民面对不合理的灯光设计，不但意识不到视觉污染的存在，甚至还认为是美化城市的象征，久而久之，光污染对人的视觉和身体健康具有较大的危害。

### 5. 城市视觉污染具有持续性

城市视觉污染的持续性主要表现在视觉污染存在的持续性和治理的持续性两个方面。城市视觉污染由来已久，伴随着城市商业经济而存在，随着市场经济的不断发展而变得越发严重，经历了一段较长时间的存在，因此，对城市环境和人们日常生活的影响具有持续性。另一方面，由于城市视觉污染的治理具有一定的复杂性，短时间很难取得明显的效果，需要城市规划、城市建设、城市管理以及生活在城市里的居民等多方面、多渠道的通力合作和共同努力，因此，城市视觉污染的治理和消除同样具有持续性特征。

# 第二节　户外广告与视觉污染

目前，对于城市视觉污染的研究，更多是集中在户外广告所导致的视觉污染方面。一方面，随着商品经济的不断深化，户外广告由于其类型丰富、表现形式多样等优势，已经成了广告主的重要广告形式。大量的户外广告出现在城市的每一个角落，无论你去哪一个城市，首先映入眼帘的就是形形色色的大量户外广告。另一方面，由于当前城市户外广告的无序投放和设置所形成的视觉污染，对城市视觉形象造成很大的负面影响，对人们的日常生活带来诸多的困扰，影响着城市形象的塑造和城市居民的身心健康。因此，越来越多的人关注户外广告的视觉污染问题。

## 一、户外广告的历史

户外广告，顾名思义，就是指设置于室外的广告。一般是指在街道、广场、建筑物或公共设施外表等室外的公共空间所设立的广告。其实，户外广告由来已久，是中国现存的最早的广告形式，中国古代的招幌广告和叫卖广告可以看作是早期的户外广告形式。直到民国时期，真正意义上的户外广告才在一些大城市和港口城市普遍出现。民国时期，随着外来文化和经济的侵入，西方商品不断涌入中国，随之而来的是西方的广告形式。"被称为'十里洋场'的上海是各国商人的聚集地，也是旧中国户外广告业繁荣的缩影。这个时期的户外广告设计独具特色，不仅种类增多，内容广泛，而且具有鲜明的时代特征和独特的文化气息，在很大程度上推动着社会商业经济的发展。"❶这一时期上海的户外广告既有传统的招幌广告和墙体广告，又有西方传入的路牌广告、橱窗广告、车船广告和霓虹灯广告等新颖的户外广告形式。"民国时期的路牌广告已经很盛行，各种路牌广告与独特的建筑搭配在一起，成为城市文明的见证。据上海市公用局统计，1933 年上海各种公共场所的户外广告牌多达 236 处，其中民用商业类的广告牌高达 90%以上。"❷

民国时期的户外广告只限于在少数几个较为发达的港口城市，中国户外广告的大发展、大繁荣要到改革开放以后。1979 年春，北京西单出现了大幅广告墙，标志着户外广告的兴起。20 世纪 80 年代初，当时很多著名品牌都纷纷通过户外广告来宣传自己的产品，主要以外商产品投放户外广告为主，比如雀巢咖啡、松下电器、瑞士雷达表等。据统计，改革开放后的十年中，共有 35 个外商品牌的商品在广州投放过户外广告，尤其以日本产品居多。这一时期的户外广告的主要特征为整体水平不高，以外商品牌为主，国内企业对于户外广告的关注不够。

1987 年 10 月 26 日，国务院颁发《广告管理条例》，标志着中国广告业的真正崛起，这一条例的颁布具有里程碑的意义，为中国广告的发展创造了有利的外部环境。但这一时期户外广告并没有得到大力发展，真正占主导地位的是报纸广告和电视广告。特别是随着电视进入普通大众人家，电视广告得到了飞速发展，出现了南方黑芝麻糊、三九胃泰等一些比较经典的电视广告。

20 世纪 90 年代初，由于国家允许私营业主参与广告经营，广告业得到了突飞猛进的发展，户外广告也不例外。很多户外广告在当时产生了很大的影响，比如，1993 年，南京长江大桥推出众多大型立体广告；1997 年，北京长安街邮政大楼出现了巨幅的柯达霓虹灯广告，成为当时国内最大的户外广告牌。尽管这一时期户外广告得到了迅速的发展，受到越来越多广告主的青睐，但也出现了户外广告无序发展的乱象，特别是"牛皮癣"式广告在城市每一个角落的大量出现引起了市民的反感和诟病。

2001 年后，一些影响较大的传媒广告和广告公司大规模收购户外广告资源，使得中国户外广告业进入全新的发展阶段。比如，TOM 户外传媒集团作为中国最有影响的从事户外广告的专业公司之一，其所拥有的户外广告牌及单立柱为全国之最，拥有户外广告总面积超过 30 万平方米，业务范围分布近六十个大中城市。这一时期，中国的户外广告从分散化、无序化向专业化、规模化的方向转变。据中国广告协会统计，2002 年全国户外广

---

❶❷ 唐洁. 民国时期户外广告的时代印记[J]. 山西档案，2017（03）：168-170.

告营业额近 100 亿元，占整个媒体投放的 15%左右。

通过对户外广告进行统一的规划和规范的管理，特别是 2008 年北京奥林匹克运动会和 2010 年上海世界博览会的举办，这两个城市的户外广告很好地塑造了城市形象，传递了城市文化，受到中外嘉宾和游客的一致好评，使得中国的户外广告有了较大的进步。近几年来，中国的户外广告已成为具有一定规模和影响的广告媒介。

## 二、户外广告的特征

### 1. 视觉冲击力强

户外广告不同于其他广告媒介，一般需要与受众保持一段距离，要求户外广告的设计具有较强的视觉冲击力，更好地吸引受众的注意。另外，户外广告通常画面比较巨大，图形和字体也大，借助于较为空旷的户外环境向受众传递信息，画面体现出非常强烈的视觉冲击力。一般在每一个城市的大型商业广场和中央商务区（CBD）中心的墙面上我们都能看到视觉冲击力很强的巨幅户外广告。

### 2. 信息抵达率高

户外广告的信息传达是不以人的意志为转移的，具有一定的强制性，只要人们置身于城市户外广告的环境中，就将被动地接受户外广告所传递的信息。而且户外广告往往通过多次反复使消费者对某些商品留下深刻的影响，信息抵达率高。

### 3. 千人成本低

户外广告由于所处位置和形式的差异，成本差异较大，但由于户外广告的受众人群高，覆盖面广，相比于传统的报纸广告和电视广告，其千人成本相对而言更低。因此，相比于其他广告媒介具有相对固定的受众群，户外广告的受众更为广泛。

### 4. 发布时间持久

电视广告以秒为单位计算，报纸广告和杂志广告更受时效性限制，而户外广告由于固定于户外某一固定场所，具有持久性、全天候性发布的优势。

### 5. 表现形式多元化

户外广告表现形式多样，特别是新媒体的介入和应用，新媒体和传统户外广告形式的结合更加丰富了户外广告的表现形式，有利于广告主选择更适合自己特色的广告形式来宣传品牌形象和商品信息。

## 三、户外广告视觉污染现状

当前，户外广告已经成为城市空间的一个重要组成部分，直接影响着城市形象的塑造和提升。优秀的户外广告在传递企业形象和商品信息的同时美化着城市环境，塑造着城市形象。然而，纵观全国各大城市的户外广告，不难发现，更多的户外广告一味地追求商业效果，很少注意环境影响和艺术氛围的营造。当下许多城市的户外广告存在着诸多亟待解决的问题：形式上杂乱无章，内容上缺乏审美，文化上缺乏特色。户外广告非但没有很好地改善城市形象，还成了城市视觉污染的重灾区。

### 1. 形式上杂乱无章

户外广告形式的丰富性本应成为它的特色和优势，可以多渠道、多形式体现商品信息和美化城市。但各种形式的户外广告随意设置导致了整体的无序，"相当一部分广告主和广告经营者看准户外广告的经济效益，为追求广告普及范围，胡乱投放，非法争抢广告投放设置点，以大招牌引人注目，多投量争取效果，有甚者经营不善导致广告牌持续空置，造成空间浪费和媒体资源的滥用，严重的更造成了百姓的生活起居的不便。"❶很多户外广告尽可能追求"大"，使得与周围的整体环境不协调，有碍观瞻。

以南京为例，相关职能部门分别于 1993 年与 2000 年相继出台了《南京市户外广告和标志容貌管理暂行条例》和《户外广告设施和招牌标志设施准则（试行）》等相关政策法规；《江苏省城市容貌标准》也于 2005 年 3 月 18 日正式实施。尽管政府的政令已经颁发了二十余年，但是江苏城市户外广告形式上杂乱无章的问题却一直没有得到有效改观，户外广告视觉污染甚至变得更为严重。

尽管江苏省和南京市目前对户外广告出台了相应的规定和要求，但杂乱无序的总体局面并没有得到有效抑制。户外广告的经营者更多是从自身的商业宣传和利益出发，盲目占用有利位置，往往以面积大和广告花哨来

---

❶ 周燕. 户外广告与城市形象建设的关系——以重庆为例[D]. 重庆：重庆大学，2012.

进行宣传；有的商家甚至未经相关职能部门许可就私自设置各类违规户外广告，致使户外广告设置在城市的关键地段密度过大。如南京新街口广场附近不仅是商业中心，更是户外广告集中区域，大量建筑本身被各类广告所覆盖，很难呈现建筑本身的特色，街道两旁也遍布了高低不齐的各类广告，从指示牌广告、立杆式广告、护栏广告牌到灯杆灯箱广告等，城市的形象和特征被破坏。泛滥无序的户外广告使得人们的视线很难逃离广告的画面，加之广告的视觉效果既刺激又混乱，对人的身心造成很大的伤害。

可以说，现代城市充斥着无孔不入的广告，甚至连电线杆、垃圾桶和斑马线都不放过。对于户外广告而言，被称为"牛皮癣"的商业小广告对城市视觉污染尤为严重。"许多人肆无忌惮地在街道上的斑马线、住宅建筑、公用设施、电线杆、树木乱贴涂鸦小广告，其色彩鲜艳的小广告，其内容包括办理文件、疏通管道、开锁、治疗性病等各种种类。街头小广告被广大群众戏称为城市的'牛皮癣'，严重地破坏了市容环境，成为影响城市形象的一大公害和顽症。"❶"牛皮癣"广告由来已久，尽管各个城市进行了不同力度的治理，但效果依然不够理想，屡禁不止，而且还出现了很多新形式。"牛皮癣"广告不仅污染了城市环境，造成了视觉污染，还给人们的日常生活带来了困扰。

## 2. 内容上缺乏审美

户外广告内容上所带来的视觉污染主要是指户外广告的图形、文字、色彩等视觉要素设计所导致的视觉识别问题。优秀的户外广告不仅仅准确传递商品的信息，为企业带来商业价值，更应该作为一件城市艺术品，美化城市的形象，传递城市的文化，并给市民带来审美享受。然而，当我们纵观和审视城市户外广告时，不难发现，户外广告内容上缺乏审美是导致当下城市视觉污染的重要原因之一。

缺乏设计感是当前户外广告普遍存在的问题。一方面，广告内容简单粗暴，毫无美感，生硬地强加于受众。户外广告由于其画面较大，对于图形的创意要求较高，而许多户外广告呈现给受众的是未经任何艺术化处理的素颜图形，很少从图形的创意入手进行设计。另一方面，在市场上充斥着许多让人避之不及的低俗户外广告。

很多户外广告在设计内容上忽视整个画面的版式构成，加入过多图片和文字信息，缺乏视觉整体性，影响信息的有效传播。大多数户外广告的阅读时间只有短短几秒甚至更短，因此，户外广告的画面需要简洁明了，

---

❶ 谢蕊. 论商业"小广告"的视觉污染及治理[D]. 武汉：湖北工业大学，2013.

图形宜少不宜多，更应注重图形的创意，图形一般放在画面的视觉中心，能更好地抓住受众视线。图形是户外广告吸引流动人群的最主要视觉要素，其设计的质量和创意直接决定了户外广告的信息传达和视觉美感。户外广告的文字也需要尽可能的言简意赅、幽默风趣，吸引受众的注视，进一步提高广告的传播效果。

色彩混乱是当前户外广告视觉污染最为严重的部分。户外广告的视觉冲击力除了可以通过有创意的图形来表现外，色彩的搭配和对比是表现视觉冲击力的有效手段。然而，通过调查发现，城市户外广告色彩更多只考虑自身产品的色彩，而自身色彩往往完全脱离所在城市的色彩规划和周围环境，通常运用高纯度和高明度的色彩来刺激受众的眼球，吸引消费者的注意，长期置身于这样杂乱无章的视觉环境中，会使人感到烦躁不安，情绪不稳。

城市户外广告不同于其他的广告形式，其最大的特征是置于户外，处于一定的城市空间中，而当前户外广告的内容很少考虑周围环境，形成整体混乱的视觉效果。"户外广告的设计不全面、不科学、不合理，广告设置的区域特点未能充分考虑，广告在设计时未考虑周围环境与建筑物风格，让户外广告跟城市规划不相匹配，因此降低了户外广告本身的展现力，也造成了广告所依赖的建筑物总体的不和谐感，对城市景观质感造成影响。"❶因此，户外广告除了需要考虑广告本身的视觉美感外，还应充分考虑广告所处的户外环境，如何形成一个统一的整体，在共性中凸显个性。

### 3. 文化上缺乏特色

城市户外广告作为传递城市形象的最直接形式，除了对其审美性有较高要求外，还应具有一定的文化性特征。然而，中国当前城市的户外广告最缺乏的就是文化性。一方面，户外广告设计的粗制滥造本身就缺乏文化性，大多数户外广告在设计时只考虑商品信息如何传递，很少考虑其文化性特征。户外广告的功能不仅仅只是传递商品的信息，还应具有传承文明和教化的功能。另一方面，当前城市户外广告基本以商业广告为主，很少有直接表现文化主题的公益广告。公益广告更能体现城市的文化特质，能更好地宣传城市文化。

当下户外广告的雷同性现象较为严重。越来越多的企业注重其品牌形象，在全国各大城市投放户外广告宣传企业形象和产品，然而，其户外广告从形式到内容基本完全一致，尽管有些广告具有一定的审美性，但也有

❶ 茹宏迪. 城市户外广告发展问题研究——以宁波市为例[D]. 厦门：厦门大学，2017.

不少的广告缺乏个性，并未结合所在城市的地域特征和文化特色进行有针对性的设计。

城市文化是户外广告取之不尽的素材源泉。随着各级政府对城市形象的重视，各个城市会推出宣传城市形象的户外广告，然而，更多的户外广告只见城市的地域元素，却很难感受到地域文化。只徒有其表，忽视了内容；只注重"形"，而忽略了"意"和"神"。城市文化融入户外广告设计，不是城市元素的生搬硬套，而是对城市视觉元素进行创新设计，对文化进行提炼，融入画面设计中，才能真正体现户外广告的文化性。也只有对"意"和"神"的重视，才能真正设计出具有地域文化性的户外广告。

# 第三节　店面招牌与视觉污染

随着社会的不断进步和商业的迅速发展，店面招牌的内涵和外延均发生了一定的变化。2019 年 4 月 23 日，中国商业经济协会学术部举办中国商业发展论坛，与会专家对中国店面招牌的现状和发展问题进行了深入的研讨，并对店面招牌的定义、范围以及形式达成一致，"店招，一般用来表示商业店铺的名称和标志。店招主要由商业店铺的图案、文字和标志、实物等组成。店招不只是简单的招牌、门头、牌匾，还包括楹联以及独特的装潢等多样的内容和形式，店招一般横在店铺的屋檐中间，也有竖挂式、全包式等多种制作方式。"[1]店面招牌不仅有展示店内经营内容、营造企业文化和吸引消费者的功能，同时，作为城市形象的重要组成部分，店面招牌还具有美化城市环境、传递城市文化、彰显城市特色的作用。

## 一、店面招牌的历史

店面招牌的起源最早可以追溯到春秋时期，文献记载始见于春秋时的经典著作《韩非子》，《韩非子》云："宋人有酤酒者，……悬帜甚高。""酒旗"是中国传统招幌的主要形式，也是现代店面招牌的最早雏形。除《韩非子》外，在《晏子春秋》《说苑》《韩诗外传》等典籍中均有关于"酒旗"的记述。"《晏子春秋·内篇·问上》中，酒旗谓'表'，'人有酤酒者，为器甚洁清，置表甚长'。"[2]古代诗词中同样多有咏"酒旗"的诗

---

❶ 中国商业经济学会. "中国店招发展问题"共识[J]. 商业经济研究，2019（05）：2-3.

❷ 曲彦斌. 中国招幌与招徕市声——传统广告艺术史略[M]. 沈阳：辽宁人民出版社，2000：3.

句，如刘禹锡《堤上行》："酒旗相望大堤头，堤下连樯堤上楼。"再比如大家耳熟能详的唐代诗人杜牧《江南春》："千里莺啼绿映红，水村山郭酒旗风。"一般"酒旗"高高悬挂在店铺之外，很远的地方就可以望知那是酒家的标识，因此又称为"望子"。宋代以来许多学者认为，所谓"幌子"即出自"望子"的讹音。"酒旗是除实物招幌而外的最早的中国传统招徕标识，后世各类招幌多从酒旗发展、衍生而来。"❶可以说，当下城市街头出现的广告旗就是中国传统酒旗的继承和发展。

店招又称招牌。"招牌，主要是以悬挂、镶嵌或砌筑等方式固定于门市的匾、额、牌、联、壁等书有特定广告文字或绘有相应图案的招徕标识。"❷宋代诗人张任国《柳梢青·挂起招牌》有词云："挂起招牌。一声喝采，旧店新开。"《清明上河图》中更是出现了大量鳞次栉比的店铺和招幌，有近三十处招牌和幌子，反映了北宋时期东京（今河南开封）繁荣的经济景象和市井文化。从元代的戏曲、杂剧到明清的小说，描述和记录招幌的典籍比比皆是。招牌和幌子一样，都是商业经营、吸引顾客的重要标识。招牌在其发展过程中出现了各种各样的样式，就其设置形式而言，主要可以分为横招、竖招、坐招和壁招等。横招和竖招一般是指立于店铺双方或两侧的招牌样式；坐招属于落地式招牌，类似于现代商铺门口摆放的落地灯箱；壁招又叫墙招，是在墙壁上书写、镶嵌或专门砌筑的招牌，比如古代典当铺通常会在墙壁上书写一个很大的"当"作为招牌。

## 二、店面招牌的基本特征

店面招牌作为一种独特的商业语言和文化符号，在其几千年的发展历程中逐渐形成了鲜明的特征。

### 1. 传播性

店面招牌作为店铺的门面招牌，具有很强的信息传播性，是重要的辅助经营手段。店面招牌通过特定的标志符号向社会和人们传递特定的信息，信息传播性是店面招牌的第一特征，也是最为重要的基本特征。店面招牌的信息传播一般通过图形、文字或实物本身来向消费者传递信息，实物店面招牌是中国最传统的店面招牌形式之一，直接将所经营商品的实物或模型陈置或悬挂出去作为店铺的标识，为消费者提供了最直观的形象。比如

❶ 曲彦斌. 中国招幌与招徕市声——传统广告艺术史略[M]. 沈阳：辽宁人民出版社，2000：4.

❷ 曲彦斌. 中国招幌与招徕市声——传统广告艺术史略[M]. 沈阳：辽宁人民出版社，2000：9.

水果店悬挂或陈列新鲜水果，布店陈列、悬挂布料、衣服，车行一般悬挂轮胎，等等，通过实物向消费者传递信息，能起到广而告之的作用，形象直观，信息传播准确。除了实物店面招牌，店面招牌通常通过对所经营商品进行图形的提炼和设计或者店名文字等向消费者传递信息。一般而言，图形和文字所呈现的内容应和店内所经营的商品相一致，消费者较为容易地根据店面招牌所传递的信息了解店铺所售商品。

### 2. 符号性

店面招牌应具有符号性特征。符号具有广泛的用途，流传至今的许多符号承载着厚重的悠久历史。传统店面招牌首先是一种标识符号，几千年的历史传统早已形成了代表各行各业特有的抽象符号，通过符号的差异来分辨所经营商品的不同。"符号化的思维和符号化的行为是人类生活中最富代表性的特征，并且人类文化的全部发展都依赖于这些条件，这一点是无可争辩的。"❶德国哲学家卡西尔把人定义为符号的动物，而店招就是人类在一定社会条件下根据生活需要而创造的一种开放性的标识符号，传统店面招牌由于行业专属性的不同而表现出符号的独特性，现代店面招牌设计就更应该通过图形符号和字体符号做到与众不同、标新立异。

### 3. 审美性

在店面招牌的发展过程中，形式多样的店面招牌融入了不同的抽象元素，具有丰富的审美性。店面招牌的审美性主要表现在店面招牌本身的形式感和图形、文字、色彩、材质等视觉要素体现出来的视觉美感。比如，贯穿中国招幌发展历史轨迹的酒幌，形式多样，呈现出不同的视觉美感，最常见的酒幌形式包括酒帘、酒葫芦幌、酒坛幌、酒壶幌、草帚儿酒幌、灯幌等，各种酒幌形式都具有丰富的图形和色彩，特别是许多酒铺招幌图案下面悬挂着一小块三角形红布，这块红布不仅仅是点缀，以吸引人们注意，更希望营造出吉祥、喜庆的氛围。"《清明上河图》中的酒旗已非昔日的单彩青帘，而是色彩鲜明的锦条绣旆，间或书有'新酒'字样或字号，而且大酒店门面亦结扎彩楼欢门，富丽堂皇。"❷可以说，每一个酒幌形式就是一种审美样式，给顾客以一定的审美享受。纵观当下各个城市的店招设计，不难发现，有特色的店面招牌不仅具有很强的识别性，同时本身也体现出一定的审美性，给人以情感的慰藉。

---

❶ 【德】恩斯特·卡西尔. 人论[M]. 甘阳 译. 上海：上海译文出版社，1985：3.

❷ 曲彦斌. 中国招幌与招徕市声——传统广告艺术史略[M]. 沈阳：辽宁人民出版社，2000：32.

### 4. 文化性

店面招牌的文化性特征是店面招牌得以延续的重要原因。近一个世纪以来，国内外许多学者研究中国传统店面招牌，基本都是从经济和文化两个维度进行的。可以说，中国店面招牌在几千年的发展历程中已形成了深厚的文化内涵，每一个店面招牌凝聚着丰富多彩的文化信息，是商业文化与市井文化的融合，是民俗文化和审美文化的交相辉映。传统店面招牌之所以至今仍为世人所关注、青睐，最主要是它的文化性与人们的现代生活仍然有着千丝万缕的内在联系，"根植于深厚的民族文化土壤之中的一种源远流长的民间传承文化事象"[●]文化性曾是中国传统店面招牌最具有特色的部分，但随着外来文化的侵入和对店面招牌文化的漠视，文化性已成为现代店面招牌最为缺失的部分。

## 三、城市店面招牌视觉污染现状

自古以来，店面招牌作为市井文化中最具有特色的部分，曾是中国城镇的一道亮丽风景。然而，随着城市化进程的迅速发展，城市的面貌日新月异，店面招牌已经变得面目全非，逐渐丧失了曾经独有的店面招牌文化。通过对当下城市店面招牌考察不难发现，店面招牌所存在的问题不容乐观，呈现出要么杂乱无章、要么完全统一两种截然相反的视觉现象。

杂乱无章主要表现为很多商业街区的店面招牌都各自为政，五花八门，在店面招牌设计和制作时只顾自家店面，并未考虑整个街铺的整体设计。从形式上来看，店面招牌多位于门面上方，大小参差不齐，而且一店多招的现象比较普遍；从内容来看，图形、文字缺乏设计，文字越大越好，字体单一；从色彩的角度来看，店面招牌色彩搭配不协调，缺乏主色调，显得花哨凌乱。对于现代城市的商业店面来说，店面招牌作为店面的脸面，往往具有强烈的视觉冲击力和高度的概括力，优秀的店面招牌设计对于人们的视觉刺激和心理具有一定的影响。然而，杂乱无章的店面招牌影响着人们的身心健康，严重制约着城市形象的塑造和文化的传递。究其原因，不难看出，当下城市中很多店面招牌杂乱无章的现象主要是缺乏专业设计师的介入。

许多城市的管理部门意识到杂乱无章的店面招牌影响着城市的环境和美感，因此，各大城市纷纷出台相关规范，对店面招牌的设置进行了较为

---

● 曲彦斌. 中国招幌与招徕市声——传统广告艺术史略[M]. 沈阳：辽宁人民出版社，2000：134.

科学、详细的规定，特别是 2017 年 9 月北京市出台了《北京市牌匾标识设置管理规范》，随后对北京市各区违规户外广告和店面招牌进行集中拆除，打造美丽"天际线"，这一活动经过媒体的发酵产生了很大的影响，很快得到众多城市的效仿，席卷全国。于是在各大城市各个街区就出现了大量同一规格、同一色彩、同一字体、同一版式的商业街区招牌，曾经最具生气的店面招牌变得单调乏味，毫无特色可言。统一店面招牌使得每一个店铺都淹没在茫茫店铺中，很难吸引消费者的兴趣。店面招牌应具有独特性，根据所销售的商品进行图形、文字和色彩设计，而这种"一刀切"的规范势必会抹杀了设计的多样性。

当下店面招牌设计的另一个重要问题是缺乏特色和文化性。20 世纪 20 年代，英国学者鹤路易女士所感叹的"景色如画而别有风姿的街巷景观"被千篇一律的招牌所替代的现象仍愈演愈烈。当我们漫步在城市的大街小巷时，很难通过店面招牌来识别所在城市，千店一面，千城一面。特色和文化性是店面招牌的生命，也是一个城市理应具备的品质，失去了特色和文化性的店面招牌也就失去了灵魂。

# 第四节　公共艺术与视觉污染

公共艺术是随着中国的城市化建设的飞速发展进入大众视野的，20 世纪 90 年代初，"公共艺术"的概念被引入我国，经过近 30 年的发展，已成为城市建设不可或缺的重要组成部分，在传递城市文化和塑造城市形象方面起到一定的积极作用。公共艺术是通过诸如城市雕塑、壁画、城市小品等物质形态向人们展示内在的审美和文化，满足人们的精神需求。然而，中国目前的公共艺术却不容乐观，各个城市充斥着大量以"公共艺术"为名的大量"伪公共艺术"作品，不但不能给人们以美的享受，不能塑造城市形象；更多的是污染了城市，污染了公众的视觉。

## 一、公共艺术的概念

公共艺术，是由"公共"和"艺术"两个词组合而成。"公共"在汉语中指公有的、公用的、众人共有的。公共艺术不同于其他艺术门类，它不仅有"艺术性"的特征，同时更强调其"公共性"。

要给"公共艺术"进行准确的定义是困难的，我们只能从它的内涵和外延进行讨论。公共艺术，一般被认为置于公共空间中的艺术作品。公共空间，首先是大众参与的空间，不同于私人空间，因此，公共艺术作品应可供大众观赏并参与其中，对大众的审美产生一定的影响。公共艺术作品不同于传统的艺术作品，它还应体现所在城市的文化和精神，城市的文化性特征应该是公共艺术的灵魂。公共艺术的范围又是极其广泛的，不仅包括大家熟知的城市雕塑、城市壁画，还应包括城市公共设施、城市装饰、标志物、装置等。

　　清华大学美术学院包林教授认为，"所谓公共艺术（Public Art），不是某种风格与流派，也不是某种单一的艺术样式，无论艺术以何种物质载体表现或以何种语言传递，它首先是指艺术的一种社会和文化的价值取向。这种价值取向是以艺术为社会公众服务为前提，通过艺术家按照一定的参与程序来创作融合于特定公共环境的艺术作品，并以此来提升、陶冶或丰富公众的视觉审美经验的艺术。"❶这里强调了公共艺术的社会和文化价值取向，认为公共艺术必须为社会公众服务，提高公众的审美能力。

　　中央美术学院王中教授认为："'公共艺术'除了具有特殊的艺术价值外，更重要的文化价值在于它的'公共性'。其文化价值的核心包含以艺术的介入改变公众价值、以艺术为媒介建构或反省人与环境的新关系，它不仅超越物质符号本体、提供隐喻的教化功能，关键的是经由人、公共艺术、环境、时间的综合感知，批判、质疑或提出新的文化价值与思考。"❷王中教授认为"公共艺术"是一种文化现象，应该具备文化性特征，通过艺术介入空间和生活，发挥文化的引领价值。

## 二、公共艺术的特征

### 1. 公共艺术的公共性

　　与其他艺术门类相比，公共艺术最大的不同之处在于它的"公共性"。公共艺术不仅仅只是艺术作品置于公共空间，艺术创作着眼于公共空间和公众，更重要的是公共艺术必须要有公众的直接参与。

　　首先，艺术作品需要置于公共空间。公共艺术作品所陈列的空间不同于传统的艺术作品，传统架上艺术通常置于画廊、博物馆等较为私密的空间，面对的观众往往是一小部分人。公共空间是相对于"私密空间"而言

❶ 包林. 艺术何以公共？[J]. 装饰，2003（10）：6-7.
❷ 王中. 公共艺术概论[M]. 2版. 北京：北京大学出版社，2014：17.

的，不仅包括城市居民日常生活中使用的社会公共场所，还应该包括进入空间的人的参与和互动。公共空间具有开放性的特点，公共艺术必须置于公共空间供公众观赏和参与。公共空间中的每一个人都是自由的，平等的，同时也在塑造着公共空间。每一个城市公民都是公共空间的组成部分，都可以直接接触到公共艺术作品本身。

其次，公共艺术的审美主体是公众。公共艺术作品的主体对象是公众，艺术家在进行规划和创作时应充分考虑公众的审美需求和精神需求。公共艺术需要公众的直接参与，公共艺术正是由于公众的存在才体现其价值。"阿伦特认为，人须关注自己存在的公共空间，积极参与公众生活，因为人是一种社会交往的生命，与其他人共同分享这个世界。人也只有在与他人的共同世界中才能经历自己的现实性，人自身的存在价值才得以充分展示。公众正是自由、自主地选择一起生活的人的类群体。公众面临共同问题、共同利益和共同要求，从不同视角观察共同客体的同一性，并做出相对应的行动——观点、思想、言论。"❶公众不仅是公共艺术的审美主体，也是公共艺术的直接参与者，同艺术家共同创造艺术作品。

## 2. 公共艺术的多样性

公共艺术没有特定的表现形式和创作方法，其题材广泛、载体多元、材质丰富，在不同的时代背景和不同的生活环境中呈现出不同的形态和内涵，具有丰富的多样性特征。随着城市的不断发展，人与人之间的交流空间的多样性也要求公共艺术形式的丰富多元。

首先，表现形式的多样性。公共艺术是一门综合艺术，其所涉及的艺术门类众多，包括公共建筑、雕塑、壁画、公共设施、装置艺术等，随着电子技术和互联网技术的延伸，公共艺术出现了新的艺术门类，比如多媒体介入公共艺术。每一个艺术门类的表达形式和创作方式都有其差异性，因此，艺术门类的多样性带来了公共艺术表现形式的多样性。另外，公共艺术是技术与美学、科学与艺术的结合，通过或具象化、或抽象化、或符号化的形式语言进行表现，使得其表现形式多种多样。当然，随着社会的不断发展，对于公共艺术而言，各个艺术门类的界限越来越模糊，越来越强调艺术与环境相互渗透。

其次，创作材料的多样性。公共艺术涉及的材料众多，但凡存在的各种材料都可能成为公共艺术创作的材料选择。有传统的金属材料、石材、

---

❶ 孙妍. 论公共艺术的当代特征[J]. 文艺争鸣，2020（05）：177-181.

陶瓷、木材、玻璃材料等常用材料，也有纤维材料、塑料、树脂合成材料等新型材料，不同的材料有不同的性能，需要不同的制作工艺和装饰方法。材料本身具有一定的视觉美感，呈现色彩美、肌理美、光泽美、质地美、形体美等不同美学特征，给公众以不同的视觉感受和心理感受，或坚硬，或柔软，或优雅，或活泼，或细腻，或浪漫。在公共艺术创作中，创作者需要充分考虑材料与主题的融合，材料与环境的融合。因此，创作材料的多样性带来了公共艺术审美的多样性。

### 3. 公共艺术的地域性

公共艺术处于一定的地域和环境中，它的创作必须考虑其地域特征和地域文化。公共艺术不同于一般的城市景观，在营造环境时更强调其文化价值。地域文化是公共艺术的灵魂。每个城市由于其地理位置、历史文化、人文景观等差异，形成了不同的地域文化。地域文化是人们的精神寄托，是城市塑造形象的根源，是城市发展的不竭动力。

公共艺术作品与地域文化的关系类似于形式与内容的关系，作品本身是形式，是公众情感的载体；地域文化是核心，是内容，地域文化通过多样化的作品形式传递给公众，满足公众的心理诉求和精神需求。一件公共艺术作品即使具有视觉美感，但假如缺乏了地域文化特征，仍然很难同公众产生共鸣。

公共艺术的地域性还表现在公共艺术作品置于特定的地域环境中，又称为"场域性"。"场域"是一个社会学概念，法国哲学家布迪厄给它定义为位置间客观关系的一个网络，也就是具有相对独立性的社会空间。"公共空间的场域性体现着一种公众的维度，这种维度不仅仅体现在一种物理环境的构建，而且还体现着城市文化与精神空间的构建。"❶那么，公共空间的场域性不仅指物理环境，更重要的还包括生活在这一空间中居民的心理环境。因此，在进行公共艺术作品创作时，必须考虑人、环境、作品三者之间的关系。"公共艺术则致力于利用与现场时空条件契合的审美元素激发人群重新进入当下具体社会关系中。它制造'相遇的情境'，极大地缓解当代社会脱域机制带给公众的心理陌生感。它协调现代建筑与环境空间之间的冲突，拉近个体与社会群体之间的距离，调和社会精神与经济发展之间的矛盾。"❷公共艺术正是通过作品与环境的物理空间以及心理空间对公众的心理和情感产生影响，体现其价值。

---

❶ 周秀梅. 城市文化视角下的公共艺术整体性设计研究[D]. 武汉：武汉大学，2013.
❷ 孙妍. 论公共艺术的当代特征[J]. 文艺争鸣，2020（05）：177-181.

## 三、公共艺术视觉污染现状

中国城市公共艺术经过了近 30 年的发展，尽管取得了一些成绩，也产生了一些具有代表性的公共艺术作品。但整体来看，中国城市公共艺术的发展还处于低层次，其现状不容乐观，本该成为城市形象代表的公共艺术却到处充斥着视觉污染，影响城市的形象和人们的身心健康。城市公共艺术种类繁多，形式多样，进行论述时很难面面俱到，下面将选择城市雕塑和城市公共垃圾桶两种类型进行分析，城市雕塑是公共艺术的最主要代表，在公共艺术门类中具有重要的地位；城市公共垃圾桶作为城市公共空间的重要组成部分，与城市居民日常生活最为紧密。

### 1. 城市雕塑视觉污染现状

城市景观雕塑是城市文化的重要组成部分，是城市文化最直观、最鲜明的载体，理应成为一个城市的象征和符号，成为城市一道亮丽的风景线。随着现代城市的不断发展，城市景观雕塑迅速出现在中国各大中小城市，据统计，中国已经成为世界上拥有城市景观雕塑最多的国家。优秀的城市景观雕塑能增加城市的记忆，讲述城市的故事，给人以心灵的撞击，传达一个城市的文化，更能代表一个城市的形象。然而，纵观中国当前城市中的景观雕塑，有资料显示，目前中国的城市雕塑有 70% 以上的作品是"伪劣产品"，更多的是工厂批量生产出来的粗制滥造的雕塑产品，而不是体现城市特色和文化的艺术品。大量的城市景观雕塑很少能给人留下深刻的印象，甚至不仅不能给人以赏心悦目的心理感受，反而有碍观瞻，丑化城市。

中国城市的雕塑精品少、垃圾多已成为不争的事实。城市雕塑已经成为很多城市环境里丑陋的视觉垃圾景观，不但不能提升城市形象，反而给城市带来很大的负面影响。通过对各个城市的实地考察，劣质和平庸的城市景观雕塑作品在泛滥，粗制滥造的作品严重影响了人们的视觉感受。

中国城市雕塑存在着严重的盲目跟风现象。随着城市经济的不断发展，各个城市注重文化建设和城市形象建设，公共艺术百分比在一些经济发达城市开始逐步实施，城市雕塑成了美化城市、提升城市形象的首要选择。然而，很多城市的现状是，雕塑数量众多，质量堪忧，甚至出现了大量粗制滥造的城市雕塑。而且在城市的各个空间滥用雕塑，非但不能美化城市环境，还会对人们的视觉造成污染。城市雕塑应该是一个严肃的政府行为，需要对雕塑环境进行前期的规划，然后邀请专家进行讨论，再请雕塑家根据城市文化和空间环境进行雕塑的创作。然而，现状的城市雕塑已经完全成为一种商业行为，甚至大量的城市雕塑出自雕塑工厂的批量生产，劣质雕塑的大量出现就不难理解了。雕塑工厂的大量出现致使中国各个城市出现了众多风格雷同、内容庸俗的雕塑商品。

城市雕塑另一个严重的问题是脱离环境、脱离公众。城市雕塑不同于传统雕塑，是公共艺术的主要代表，需要置于公共空间和环境中，脱离了环境的城市雕塑将失去其存在的意义。当前城市雕塑与环境空间所存在的问题主要表现为：表现主题与环境不吻合，表现形式与环境不协调，雕塑材质与环境脱节，雕塑的体量、尺寸与环境不相称。城市雕塑具有公众性特征，还需要公众的积极参与。中国当前城市雕塑有些是完全脱离公众，在雕塑的前期规划并未尊重公众的建议，雕塑的创作过程中很少考虑公众的审美和需求，置于公共空间的雕塑缺乏与公众的互动。正是由于公众的缺失，一些脱离环境的城市雕塑在各个城市出现，不但不能美化城市，反而适得其反，对环境造成一定的破坏。

## 2. 城市公共垃圾桶视觉污染现状

城市公共垃圾桶作为城市公共设施的重要组成部分，不只是一个藏污纳垢的容器，更是城市形象的直接体现。目前来看，中国城市公共设施不但缺乏艺术性，而且状况恶劣，处境堪忧。城市公共垃圾桶作为公共设施的重要组成部分，其现状也令人担忧。通过对公共垃圾桶所存在的问题进行调研，收回有效问卷 215 份，不难发现，垃圾桶本身的功能设计和视觉设计存在着诸多问题，公众对公共垃圾桶的满意度较低，排在前五位的分别为垃圾桶标识不明确（83.26%）、垃圾桶投放口太小（71.50%）、垃圾桶自洁性差（63.32%）、垃圾桶造型单调（55.26%）以及垃圾桶色彩混乱（50.91%），均超过了 50%。

从当下的现状来看，城市公共垃圾桶更多只是作为一种具有功能性的容器存在，其设计并未引起足够的重视。国内仅有少数文化旅游景区和极个别城市的公共垃圾桶有设计师介入进行设计，大多数城市公共垃圾桶处于缺乏设计、造型雷同等现状。"造型设计是设计师通过设计行为给予作品以美学意义，而这种美学意义最终集中在作品实际形式和视觉形式的关系中而被揭示。"❶造型设计是垃圾桶设计的主体，在其设计过程中不仅要体现它的实用功能，同样需要赋予它以美学意义。当前城市公共垃圾桶造

---

❶ 邢庆华. 设计美学[M]. 南京：东南大学出版社，2011：172.

型主要存在两种倾向，一是造型死板，千篇一律，多以矩形和方形为主，存在四个死角，在垃圾清理过程中给清洁带来较大难度。这种垃圾桶仅是作为存放垃圾的容器而存在，还很难谈得上造型设计。另一倾向则是过于求新求异和吸引眼球，从而弱化垃圾桶的功能性，比如将垃圾桶设计成大熊猫、海豚、企鹅等各种动物形象，由于这些垃圾桶开口较小，给垃圾投放造成不便，投入口过小易使得将垃圾扔到垃圾桶外面，造成垃圾桶周围布满垃圾，造成环境污染和视觉污染。以企鹅形象的垃圾桶为例，企鹅肚子大、脖子瘦，看似能盛不少的垃圾，但人们在使用的过程中，由于企鹅脖子瘦的缘故，垃圾很容易堆积在脖子部分，造成垃圾已满的假象。从心理感受上来说，在动物的嘴里塞满垃圾，有践踏和虐待动物之嫌，与如今人们提出的保护动物的宗旨相悖；从审美上来说，缺乏艺术性，很难与周围环境相协调。对于一些心智还未成熟的儿童而言容易产生误导，可能导致儿童把垃圾往真正动物的嘴里放。通过对当前城市公共垃圾桶造型设计进行研究不难发现，不管是造型刻板还是一味求新求异，在设计的过程中并未考虑使用者的便利性，并未体现"以人为本"的设计原则。

垃圾桶的标识和符号在垃圾桶外观色彩比较混乱的情况下是普通大众区别投放垃圾的最重要一环，具有较强的引导和指示作用。尽管在 2003 年10 月国家就出台了《城市生活垃圾分类标志》，并要求根据国家规定制定统一的标志，但现实情况却不容乐观，人们投放垃圾仍然随意、无序，这与公众对垃圾的分类意识不足有一定的关系，但有必要反思当下垃圾桶的标识设计。本文在随机调研的 215 名受访者中，只有 36 人能根据标识符号识别各类垃圾桶，识别率仅有 16.74%，大多数人认为垃圾桶标识不明确，需要借助于文字进行垃圾投放。因此，当下垃圾桶标识设计可识别性不强，大众很难通过符号做到精准投放，我们可以借鉴和参考垃圾分类标识比较成熟的德国，对标识进行更形象化、更细化的设计。另外，垃圾桶标识与符号运用混乱，标识色彩具有较大的随意性，随意变换颜色，给人们寻找目标垃圾桶带来了不便。垃圾桶标识的大小也是设计应关注的细节，标识过小的话，不便于辨认，需要人们近距离去看，而一般人的心理是不愿意靠垃圾桶太近；标识过大，难与垃圾桶整体造型相融合。

对于其他门类公共艺术而言，其现状及存在的问题类似于城市雕塑和城市公共垃圾桶，内容上缺乏文化性，脱离实际，缺乏与环境空间的联系性，缺乏与公众的交流性；形式上缺乏审美性，不能给人以美的享受；制作上缺乏精致感，粗制滥造居多。总之，中国当前城市的公共艺术还未能发挥其应有的功能，缺乏对环境的美化和人们精神生活的提高。

# 第五节 城市色彩与视觉污染

随着城市建设的不断深入，各类问题集中显现，很多问题逐渐被重视并加以解决。然而，城市色彩问题由来已久，随着城市的发展愈演愈烈，特别是城市色彩污染已严重影响了城市的形象。色彩作为最重要的视觉要素，不同于其他视觉元素，首先引起人的视觉反应的就是色彩，不仅对人的生理产生刺激，还影响着人的心理变化。目前，中国城市的色彩一方面呈现出杂乱无章的视觉污染状态，一方面又存在着色彩单调、雷同的局面。在城市发展过程中，色彩问题一直以来并未受到足够的重视，很多城市缺乏整体城市色彩规划，色彩使用随意、混乱，造成了色彩视觉污染。

## 一、城市色彩释义

色彩，是由于光的存在投射到物体表面被人们所感知的一种视觉效应。色彩既是一种物理现象的客观存在，存在于一切事物中；又是人的一种感官活动，包括生理感知和主观心理感知。"色彩是指通过视觉感知被识别的那些相对于形态而言具有独立意义的，并且依靠多种颜色的差异性组成的视觉要素。"❶色彩是一种综合现象，涉及到光、物体和视觉三个方面，缺一不可。

色彩贯穿于人类社会发展全过程，是人们物质生活和精神生活的外在体现，人们对于色彩的认识也在不断深化，从发现色彩、观察色彩、欣赏色彩到创造色彩经历了从感性认识到理性认识的过程。随着对色彩研究的不断深入，色彩心理和色彩文化已成为热门话题，很多学者通过不同载体对色彩进行研究，城市色彩也被越来越重视。视觉的第一印象往往是对外界色彩的感知，人们对一个城市进行评价时，城市色彩无疑是最重要的因素之一。

城市色彩，主要是指城市中能被外界所感知的色彩总和。其范围较为广泛，既包括诸如植被、土壤、河流等自然界本身存在的自然环境色彩，又包括人类发展进程中出现的各种人工色彩，比如建筑色彩、户外广告色彩、交通设施色彩等。城市色彩不仅能直观地体现一个城市的文化特征和审美特征，某种程度上还能反映一个城市的文明程度。

城市色彩不仅具有物质属性，还具有精神属性。物质属性主要表现在

---

❶ 邢庆华. 色彩[M]. 南京：东南大学出版社，2005：5.

城市的有形物质的色彩方面，比如城市植被所体现出来的色彩或城市建筑色彩，具象的物质都是城市色彩的载体；非物质属性主要表现在城市的文化、风俗和社会制度等方面，具有抽象的特征。每一个城市的色彩并非主观的产物，而是对城市的物质文化和精神文化的体现，是城市历史和文化的沉淀。

城市色彩是城市文化的重要组成部分，当我们去感知一个城市的历史和文化时，最直接的途径就是通过这个城市的建筑、景观雕塑、街区店招以及城市色彩等视觉元素。透过这些视觉设计，我们可以感受和探寻这座城市的地域风情、历史文化和人文气息，能让我们更好地理解这座城市。例如，一提到巴黎，人们首先会想到卢浮宫、巴黎圣母院和凯旋门；然而，巴黎的文化不仅仅体现在拥有无数艺术瑰宝的卢浮宫，不仅仅体现在庄严神圣的巴黎圣母院，也不仅仅体现在壮丽雄伟的凯旋门，更在于它整体的城市色彩设计，在于它承载了上千年法兰西历史文化的建筑物表面以及其他城市构成元素中。在巴黎老城区的品牌形象建构中，把亮丽而高雅的奶酪色系和深灰色系作为巴黎的标志色彩，在其建筑、户外广告和城市店招中进行了广泛的应用，别具一格的色彩体系使人对巴黎产生了深刻的城市印象，巴黎的城市文化也由其品牌形象设计得到了进一步的彰显和传递。

## 二、城市色彩的功能

城市色彩是特殊的视觉表现语言，能直观反映一个城市的个性和文化。对于城市而言，色彩具有美化城市形象、传递城市文化和彰显城市特色的功能。因此，科学地规划和使用城市色彩就变得尤为重要。

### 1. 城市色彩具有美化城市的功能

人们对一座城市的印象首先是由城市色彩开始的，有特色的城市往往注重城市色彩的规划和提炼，通过色彩的应用塑造美好的城市形象。成功的城市色彩规划不仅要做到和谐、协调，还应起到美化城市形象和体现城市特色。一般在城市色彩规划时会根据城市文化的提炼确定城市的主体色调和辅助色调，并注重主体色和辅助色的搭配关系，城市色彩的视觉美感体现在色彩的搭配和秩序上。

视觉对于色彩的感知是由眼睛在观察事物时产生的，这种感知不是基于理性的判断，更多是一种直觉。"对城市色彩形象的美感，也不是靠逻辑判断和理性思维获得的，而首先是靠感觉器官对城市色彩的一些基本特征的感受来获得,靠对城市色彩形象的直接观照,通过审美判断来实现的。"❶也就是说,对于城市色彩的感受属于感性的审美过程。

色彩对于城市形象的美化更多地体现在城市建筑和户外广告等方面,建筑和户外广告通过城市主体色和辅助色的搭配应用,在整体中求变化,表现和谐、舒适的色彩品质。色彩形象好的城市能给人以美的视觉感受,是城市面貌的整体体现,不仅反映城市的社会风尚和审美文化,还反映了城市的精神生活。

### 2. 城市色彩具有传递城市文化的功能

每一个城市应该有其特有的城市风貌,城市风貌是城市历史发展过程中的积淀,是城市物质文化和精神文化的外在体现。城市色彩作为城市风貌的直接体现和城市文化的重要载体,是城市文化的外显,通过色彩来传递城市文化。一个历史悠久的城市,往往其色彩的特色就越明显。比如,巴黎的奶酪色系和深灰色系,罗马的橙黄色系和橙红色系,北京以灰色调为主的复合色,哈尔滨以米黄、黄白为代表色,无锡的整体色调为清新淡雅的浅色调,每一个有特色的城市无不是基于城市特有的地域文化对城市色彩进行规划和定位,通过城市色彩进一步彰显城市的特色文化。"城市色彩综合反映了城市的特质,成为一个城市区别于其他城市的文化、外貌、风土等的综合价值判断。"❷

每一个城市的色彩规划都形成了一套自己的色彩体系,单一的色彩往往缺乏活力,很难体现一个城市的本质,色彩体系是由城市的主体色、辅助色等一系列色彩组合而成,但又不同于主体色和辅助色,它是一套多层次、立体的、全方位的色彩文化系统。城市规划所形成的色彩体系不仅仅包含城市的视觉美学信息,还体现着城市的地域文化信息,城市色彩作为城市文化的重要因子,在塑造城市视觉美感的同时向受众传递着城市文化。如果一个城市没有对色彩进行规划,或者一个城市的色彩系统被破坏,很容易导致城市色彩运用的混乱和无序,也很难通过色彩来体现城市的文化。

城市色彩是传递城市历史文化的重要载体。按理讲,每一个城市进行色彩规划时应立足于城市的历史文化对色彩进行研究、归纳和提炼,形成每个城市特有的色彩体系,并应用于城市建设的方方面面。然而,中国的城市很难通过色彩来体现自己的特色和文化,"新上海新则新矣,此处可

---

❶ 宋立新. 城市色彩形象识别设计[M]. 北京:中国建筑工业出版社,2014:65.
❷ 吴伟. 城市风貌规划——城市色彩专项规划[M]. 南京:东南大学出版社,2019:28.

比香港，彼处很像纽约，惟独不像上海自己的昔日容颜"❶，上海尚且如此，其他中小城市就可想而知了。

### 3. 城市色彩具有彰显城市特色的功能

城市特色，是指一个城市区别于另一个城市最具特征的地方，包括城市内在和外在所体现出来的鲜明特征。"美国学者 H.Lgamham 在《维护场所精神——城市特色的保护过程》一书中，阐明了构成城市识别性的关键性要素：形体环境特征和面貌、可观察的活动和功能、含义与象征等。他认为，城市的特色取决于建筑风格、独特的自然环境、重要建筑和桥梁选址的敏感性、历史文化的差异、高质量的公共环境、节庆活动等方面。"❷可以说，体现城市特色的因素非常丰富，既包含物质元素，也包括精神文化方面。色彩作为城市物质文化和精神文化的重要载体，无疑可以很好地体现城市特色。

城市色彩规划的最终目的就是彰显城市的特色和传递城市文化，给人们以视觉上的审美享受以及精神上的归属感和认同感。城市色彩是可以规划、设计和传播的，通过规划的城市色彩进行设计和传播，可以更好地彰显城市特色，塑造城市形象。比如，作为天府之城的成都在进行色彩规划时选择了"复合灰"作为城市建筑的主色调，这种色调的选择首先跟成都的地理位置和气候有一定的关系，成都地处四川盆地的川西平原，气候潮湿、多雨，经常给人一种灰蒙蒙的氛围；"复合灰"的选择还和川西传统居民建筑以灰黑色为基调有一定的联系；当然，这种主色调的选择最主要的是基于成都休闲从容、兼收并蓄的城市特色和文化。因此，城市色彩是依据城市特色和文化来进行建构和设计，城市的特色又通过城市色彩来进一步彰显。

## 三、城市色彩视觉污染现状

可以毫不夸张地说，城市色彩污染已经成为中国城市当前建设中视觉污染最严重的问题之一，能否处理好城市色彩问题是决定中国城市形象未来发展趋势的关键问题。城市色彩污染主要是指在城市环境中色彩给人的视觉带来不良影响而引起的人的生理和心理上的不适。"心理学家认为，色彩对人的思维、行为、举止、情绪、感觉和生理变化都有强烈的控制与调节作用，如果人们长期生活在色彩不和谐的环境中，心情就会变得焦躁不

---

❶ 陈丹青. 退步集[M]. 桂林：广西师范大学出版社，2005：205.
❷ 张鸿雁，张登国. 城市定位论——城市社会学理论视野下的可持续发展战略[M]. 南京：东南大学出版社，2008：176.

安，容易疲乏，注意力不集中，自控力差，从而导致健康水平的下降。"❶
因此，城市色彩污染不仅影响着城市环境，更对生活在城市里的人的身心健
康造成一定的影响。中国当下城市的色彩视觉污染主要体现在城市缺乏整体
色彩规划所导致的色彩混乱和单一的色彩应用造成的视觉疲劳两个方面。

## 1. 缺乏整体色彩规划导致色彩混乱

其实，色彩本身并没有美丑好坏之分，城市色彩出现的问题，主要原
因在于城市规划没有突出城市的文化和性格。自 20 世纪 80 年代以来，中
国城市在快速发展和盲目扩大的过程中，由于色彩规划滞后，色彩应用混
乱，给城市形象的塑造和品格的提升造成了一定的负面影响。城市整体色
彩是由大量个体色彩的组合而集中呈现的。通过调查发现，各个建筑物和
户外广告色彩更多只考虑自身色彩，而自身色彩往往完全脱离所在城市的
特色和文化，长期置身于这样杂乱无章的视觉环境中，会使人感到烦躁不
安，情绪不稳。城市户外色彩缺乏系统理论的统一指导，更缺乏对城市文
化和性格的研究，不少城市商业街区的户外广告和店面招牌花里胡哨，缺
乏整体的色彩规划。

"城市色彩设计以城市整体环境为对象，以色彩为切入点，从宏观角度
对城市及其设计进行研究。其目标不仅要通过色彩营造和谐优美的城市环
境，同时也要通过色彩反映城市地方的和传统的文化特质。"❷也就是说，
城市色彩规划不仅要美化城市环境，更要反映城市文化。每一个城市应该
具有自己特有的颜色，体现着城市的个性和品位，彰显着城市的风格和形
象，传承着城市的历史与文化。科学的色彩规划所形成的城市色彩系统不
但可以增强城市的整体感，还能把城市建筑、城市自然景观和公共设施等
城市元素融合为一个整体。但由于缺乏统一的城市色彩规范和监督管理机
制，各大城市中户外色彩的应用同样有很大的随意性，除个别城市部分主
干道两侧建筑基本统一色彩外，很多城市色彩依然我行我素，造成城市的
色彩污染问题，给城市形象的塑造和城市文化的传递造成了较大的负面影
响。因此，如何使城市色彩和谐有序，是当前亟待解决的问题。

## 2. 色彩单一造成视觉疲劳

当前城市色彩视觉污染存在着两种极端的现象，一种是缺乏城市色彩

❶ 张琳. 浅析城市环境色彩污染——对太原市城市环境色彩的研究[D]. 太原：太原理工大学，2008.
❷ 赵思毅. 保护城市传统与文化的重要元素——论城市色彩[J]. 南京艺术学院学报（美术与设计版），2008（01）：159-160.

规划导致城市色彩应用随意、无序，特别是大量高纯度和高明度的色彩出现在户外广告中，严重污染了城市环境和人们的视觉；另一种是城市色彩规划不科学带来的高度统一、单调的城市色彩削弱了城市的多样性，久而久之，易使人造成视觉疲劳。

随着城市化的迅速推进，城市的文化和特色在不断消失，随之消失的包括城市的个性色彩，全国范围内越来越多城市的"千城一面"也带来了"千城一色"。城市色彩是城市形象的第一印象和最直接的外在感官表现，而越来越多雷同的城市色彩很难让人区分所置身的城市。城市色彩的单一严重影响了城市个性化的体现，"如同前英国皇家建筑学会会长帕金森（Parkinson）所说的：全世界有一个很大的危险，我们的城镇正趋同于一个模样，这是很遗憾的，因为我们生活中许多快乐来自多样化和地方特色，其中色彩就是重要因素之一。"❶中国古代曾创造了丰富的建筑色彩，秦砖汉瓦、红墙粉黛是我们一直引以为豪的最具特色的色彩，然而，发展了上千年的建筑色彩却被当下的"千城一色"代替了，代替的不仅仅只是色彩本身，更是色彩背后所隐含的丰富文化。

近些年来，随着各大城市对城市规划的重视，城市色彩规划也被提上了议事日程。然而，我们发现中国城市色彩定位的有趣现象，正是由于在混乱无序、花里胡哨的基础上进行的色彩规划，越来越多的城市把色彩定位为"灰色"，全国出现了许多"灰色城"。北京在 2000 年就把城市色彩定位为以灰色为主的复合色；湘潭于 2009 年底向市民公示了《湘潭市城市色彩规划方案》，推选淡灰色为湘潭城市的主色调；邯郸于 2011 年出台《城市建筑特色与色彩规划》，确定城市主色调为浅灰色；成都选择了"复合灰"作为城市的主色调；重庆也把自己的城市色彩定位为灰色。灰色似乎成了城市现代化的代名词，灰色系已经遍布城市的各个角落，当然，灰色确实给人以沉稳、大方、包容、科技的视觉感受和心理感受，但灰色就像一幅素描，可以被人欣赏，却不容易吸引人融入其中，久而久之，易造成视觉疲劳。色彩正是由于其丰富性去体现城市的多样性，增加城市的活力和视觉魅力，而一味求"灰"恰恰舍弃了色彩最具魅力的部分。

## 第六节　城市建筑与视觉污染

城市建筑是伴随着城市的出现而出现的，是城市的重要组成部分，是

---

❶ 付潇，孙明. 城市色彩污染浅析[J]. 艺术与设计（理论），2008（08）：69-71.

城市文化的最主要载体。中国历史上曾创造了极其辉煌的建筑文化，然而，随着各个城市的"大拆大建"，传统建筑不断消失，城市出现大规模的、无艺术美感的、混乱的建筑形象。梁思成曾说："一个东方老国的城市，在建筑上，如果完全失掉自己的艺术特性，在文化表现及观瞻方面都是大可痛心的。因这事实明显代表着我们文化衰弱，至于消减的现象。"❶

## 一、城市建筑美学

建筑最初的含义是指人们利用泥土、木材、石材、砖瓦等材料进行建造供人居住的空间，遮风蔽雨和防止野兽侵袭是建筑的最原始功能。随着人们审美意识的出现，建筑从最初实用的功能演变为实用和审美相结合，古罗马建筑师维特鲁威早在公元前 1 世纪就在他的经典著作《建筑十书》中提出了建筑的"坚固、实用、美观"三原则，除了实用的标准外，对建筑有了美观的要求。中国古代建筑很早就运用对称、平衡、和谐等设计原则，体现建筑之美。可以说，对于建筑美的自觉追求始终伴随着建筑的发展，中西方皆如此。

### 1. 建筑的功能之美

功能是建筑的第一要务，建筑的产生和存在首先由于其功能性。建筑艺术与其他造型艺术最大的区别就在于它的实用性和功能性，很少有建筑作品是纯粹为了审美的目的而存在的。建筑的功能之美并不是功能本身所具有的美感，而是在设计和建造时体现的合乎规律和目的方面，使建筑的功能尽可能地达到完备、完善，甚至是完美的需求。建筑需要满足人们居住的要求，而其本身应该具备完善的功能，建筑的功能性使居住的人感到便利和舒适，以满足人们的物质需求和精神需求，达到精神的满足和愉悦。

把现代建筑的功能之美推向顶峰的是 20 世纪初的现代主义建筑流派，维也纳分离派代表人物卢斯提出了著名的"装饰即罪恶"的口号，强调建筑应该以实用和舒适为主；随后现代主义建筑大师、芝加哥学派的代表人物路易斯·沙利文提出了"形式追随功能"的建筑原则，则把建筑功能性的要求推至极致；包豪斯通过现代建筑对这一理念进行了实践，通过技术的目的性形式来体现建筑的审美特征，在建筑中强调功能与美的

---

❶ 梁思成. 中国建筑史[M]. 北京：生活·读书·新知三联书店，2011.

统一。

　　建筑的功能美主要包括物质功能和精神功能所体现出来的美。物质功能主要体现在实用性方面，实用性是一切设计的基础和目的，设计就是为了让人类更好地使用，给人们的日常生活带来最大的便利，因此，建筑的实用性能达到使用者所期许的目的，最大限度满足人的生活方式。物质的精神功能主要表现在建筑与人之间的关系，在使用建筑功能的同时带来精神上的愉悦感。"建筑为人们创造了生活的空间和场所，所以它不仅为人们提供了审美的实体形象，也为人们提供了空间的意象和环境的氛围。对建筑物的审美一般总是在活动与直观的统一中完成的。建筑的外在形式、体量、空间的分割与联系以及光影和表面处理等通过人的视觉、触觉、听觉和运动感构成了人的心理感受，形成了审美的体验。" ❶

## 2. 建筑的艺术之美

　　如果说建筑的功能之美主要体现在建筑的使用功能的完善给人带来的情感的愉悦，那么，建筑的艺术之美就是通过建筑的外形和内部所表现出来的美感，这种美感是人的视觉可以直接感知的。人们对于建筑艺术美的追求贯穿于建筑发展的始终，在人类历史上出现了许多具有艺术美感的经典建筑，从人类历史上最宏伟的建筑胡夫金字塔到拜占庭建筑的代表圣索菲亚大教堂，从罗马式建筑的代表比萨大教堂到中世纪最完美的建筑巴黎圣母院，从有工艺品之称的佛罗伦萨大教堂到巴洛克时代的最后经典圣保罗大教堂，从中国建筑艺术的顶级殿堂故宫到江南水乡的极简徽派建筑，等等，无不体现出建筑本身的艺术之美。

　　中西方传统建筑在形体上体现出不同的美，中国传统建筑外形上强调"线条美"，西方建筑则讲究"体积美"。中国的传统建筑和中国传统书画艺术一样强调线条的运用，通过线条的流动、婉转和节奏变化体现艺术之美。徽派建筑的马头墙、园林建筑中的连续长廊等都体现了建筑的线条之美。中国建筑的线条美还和传统建筑的材料有一定的关系，木质材料本身就是线条，再通过传统建筑中的梁、柱的运用，更体现出线条的艺术感染力。西方建筑由于文化的差异，其更注重建筑的体积感和空间感。从古希腊开始，西方对数和几何图形有了较为深刻的认识，重视建筑的几何形状之美，他们认为几何形体之间的比例关系是建筑之美的关键，这种通过几何形体来塑造建筑的形式美刚好和建筑材料结合起来，石块材料的运用进

---

❶ 徐恒醇. 城市的功能与美[J]. 城市，1989（03）：12-13.

一步体现了西方传统建筑的体积美。

建筑的艺术之美不仅仅只表现在建筑形体本身，还遵循了诸如对称、均衡、比例、尺度等形式美法则。例如，作为中国传统建筑艺术之美典范的北京故宫，总体布局以轴线为主，左右对称，体现出对称之美；故宫建筑中有大量斗拱的运用，种类繁多，形式多样，纵横交错，秩序井然，体现了韵律之美；故宫建筑分为外朝和内廷两个部分，外朝建筑雄伟，富有阳刚之美，体现了皇帝的威严，内廷建筑紧凑、庭院深邃，辅以榭、台、楼、阁和假山，优美而恬静，外朝和内廷体现出故宫建筑的对比之美。

### 3. 建筑的环境之美

建筑不是孤立的，而是存在于固定的空间和环境中，建筑之美还表现在环境所体现出来的美感。金字塔正是由于其置身于广阔无垠的沙漠中，才能给人以永恒的神秘、坚固之感；中国的江南园林建筑之所以给人以灵动、秀美的感觉，也正是由于它们处于江南小桥流水、诗情画意的环境中。

"人居环境首要的、最普通的元素是自然，尽管人们不生产自然，但有责任视之为一个有组织的系统。"❶建筑的环境之美首先表现在建筑与自然环境的地形地貌相协调。地形地貌的分析是城市规划的重要内容，在进行建筑选址和规划时，应该依据地形地势的特点，尽可能做到依地就势，顺势而为。例如，南京的明孝陵就是典型的依地形地势所建的建筑，明孝陵规模宏大，建筑雄伟，其神道是完全按照地形地势而建，环绕梅花山形成了蜿蜒曲折的布局，形似北斗七星，把建筑和地形地势进行了完美的结合。重庆由于特殊的地理位置，处于嘉陵江和长江的交汇处，城内山势起伏，又是一个具有鲜明山地特征的城市，重庆的地形地貌决定了其建筑采用因地制宜，依山而建的布局，"在有机疏散、分片集中的结构中，分布着江面、绿地、山坡和陡坎，道路盘山而上，建筑依山而建，城市显现垂直分布的特征。最低处朝天门沙嘴与最高点鹅岭，落差达 219 米。"❷"天人合一"的思想贯穿于中国古代建筑发展的始终，一直以来都强调建筑与环境的协调、和谐，在中国古代的寺庙、宫殿、园林和民宅中无不体现了建筑与环境和谐发展的理念。

西方的建筑同样强调与环境的关系，美国作家伊迪丝·汉密尔顿在《希腊精神：西方文明的源泉》一书中写道："在希腊建筑师的头脑中，神

---

❶ 吴良镛. 人居环境科学导论[M]. 北京：中国建筑工业出版社，2001.

❷ 阮正福. 城市建筑的美学诉求[J]. 江西社会科学，2006（05）：142-148.

庙的所在地具有非常重要的意义，他在制订计划的时候，把它同周围的海洋与天空联系在一起，进行总体考虑，从它所坐落的地点出发——它将建造在空旷的山顶或者卫城的广阔的高地——决定它的体积的大小。它总是俯瞰全景，建筑师的才华使这一点成为最主要的特征，成为全景中的一个组成部分。建筑师绝不单独地只考虑建筑物本身，而是把它同周围环境联结在一起进行设计。"❶除了古希腊的卫城，大型露天广场也是利用山坡进行建造，同样也体现了建筑与环境的和谐。西方现代建筑史上把建筑与环境进行完美结合的经典案例是著名建筑师赖特的《流水别墅》，这一建筑室内外空间相互交融，浑然一体，建筑与山石、树木、流水等自然环境完美地结合在一起，体现了赖特的有机建筑的理念。2019 年，包括《流水别墅》在内的 8 座建筑被联合国教科文组织列入世界文化遗产，也从侧面反映了这一建筑在现代建筑历史上的重要地位。

建筑的环境之美还体现在建筑与周围建筑之间的关系上。单个建筑与周围建筑之间的关系就是个体与群体的关系，个体是群体的一部分，群体是个体的集合。群体美是个体美之间的协调与和谐，而个体美的集合不代表群体美。一个建筑的建筑风格既要有自己的个性特色，也要和周围环境的建筑保持一致。但协调不是雷同，需要从建筑风格、建筑造型、建筑色彩等多方面找到一个平衡点，达到内部的协调，这对建筑设计师提出了更高的要求。建筑与周边建筑的关系在于结合，只有结合成一个统一的有机整体时，才能更好地符合人们的审美需求，也才能真正彰显建筑本身的价值和表现力，给人以美的享受。

## 二、城市建筑视觉污染现状

近年来，中国各个城市的建设规模都在不断扩大，城市的建设项目开发得到了空前的发展，一方面每个城市的新区在无限扩张，城市的生活空间在不断扩大；另一方面由于旧城改造，使得很多城市景观面临拆除和重建，使得城市景观不断变化，甚至导致原有景观的大量消失。如果不能对城市进行有效的整体规划和调控，很可能将导致自然景观被破坏，原有城市的景观特色不断丧失，建筑景观变得单调呆板。中国城市在建设的过程中，城市之间的差异性在不断被模糊，"千城一面"现象变得越来越严重。中国当下城市建筑的视觉污染主要表现在高层建筑、异形建筑、欧陆风建

---

❶ 【美】伊迪丝·汉密尔顿. 希腊精神：西方文明的源泉[M]. 葛海滨 译. 沈阳：辽宁教育出版社，2005.

筑、仿古建筑等几个方面，不只是建筑本身，也包括与城市文化和城市环境的不协调，给人们带来了身心的不适。因此，如何更好地融合建筑本身风格和城市特色是需要我们深入研究的课题。

### 1. 高层建筑是一把双刃剑

工业革命以后，随着城市化进程的加快，为解决城市出现的土地紧缺等问题，19世纪末出现了高层建筑，高层建筑由于其高容积率的特点，成了城市建设的宠儿。对于高层建筑的界定，各国的标准不一，美国高层建筑的标准为24.6米或7层以上，日本为31米或8层及以上，中国规定28米或10层及10层以上为高层建筑。中国高层建筑的建设从20世纪90年代起得到了飞速发展。截至2020年，全球前100座高层建筑有62座分布于中国，前10座中国也占了6席，中国超过200米的高层建筑有895座（含在建），占全世界6成以上，从2015年至2019年，当年建成的最高建筑都在中国，从一系列数据就可以看出中国城市的高层建筑发展速度之快。

高层建筑是经济发展和科技进步的产物，也代表了一个城市的发达程度，高层建筑占地面积小，提高了土地利用率，解决了城市人口不断拥挤的问题，为城市的经济发展起到了积极的推动作用。然而，城市高层建筑的发展是一把双刃剑，也带来了许多问题。

高层建筑的体量失调带来的视觉压迫感影响着人们的身心健康。建筑物体量一般是指建筑物在空间中所占的体积，包括建筑物的长度、建筑物的宽度以及建筑物的高度。建筑物体量尺度一般从建筑物的横向尺度、竖向尺度以及形体尺度三方面提出控制，一般有上限规定。随着中国城市的迅速发展，建筑物的体量和高度也在被不断刷新，而这种体量和高度上的失调，打破了人的视觉舒适度，给人造成一定的视觉压迫感。当我们置身于城市的"水泥森林"时，城市高层建筑的体量像城墙一样遮挡住了人们的视线，造成城市空间连续性和空间意向的破坏。"建设容积率过大造成城市空间的畸形发展，使得城市空间狭隘压抑，城市空间仿若峡谷。钢铁、混凝土、玻璃、石材构筑的高层建筑，冰冷而坚硬，缺乏人情味和生命气息。"❶很多城市受经济利益和政绩工程的驱使，以"物"为主的建筑思想代替了以"人"和"环境"共生发展的生态理念，城市建筑一味"求高求大"，不顾城市发展和城市环境是否适合和需要高大体量建筑，一个个高

---

❶ 张振彦. 城市与建筑的共生——具有城市意义的高层建筑控制方法探析[D]. 太原：太原理工大学，2004.

大体量建筑突兀而起，造成了城市生态环境的恶化和空间形态的混乱。

## 2. 标新立异的丑怪建筑

在全国范围内掀起的轰轰烈烈的造城运动使得建筑风格不断颠覆大众的审美。越来越多造型怪诞、设计夸张的建筑脱颖而出，曾获中国首届"梁思成建筑奖"的著名建筑师张开济先生用"标新立异、矫揉造作、哗众取宠、华而不实"这十六个字来评价当下中国各大城市流行的建筑风格。近年来，各种造型的建筑在中国频繁出现，不断刺激我们的眼球和颠覆我们的认知，标榜西方后现代风格的各类建筑都可以在中国城市得以实现。

从 2010 年起，"建筑畅言网"已连续举办十届"中国十大丑陋建筑评选活动"，旨在遏制丑陋建筑的频繁出现，弘扬优秀建筑文化。这一活动是由公众投票和业内专家评选相结合，从第一届 7573 人参与网络投票到第十届超过 28 万人参加，公众参与热度持续高涨，在社会上产生了很大的影响。十大丑陋建筑评选的标准为 9 条："1. 建筑使用功能极不合理；2. 与周边环境和自然条件极不和谐；3. 抄袭、山寨；4. 盲目崇洋、仿古；5. 折中、拼凑；6. 盲目仿生；7. 刻意象征、隐喻；8. 体态怪异、恶俗；9. 明知不可为而刻意为之。"[1]尽管这一活动并非官方举办，也引起了不少的非议，但也从侧面反映了当下不少城市追求怪诞建筑的现状。从历届评选结果来看，很多获奖作品的确让人瞠目结舌。比如，当选第一届中国十大丑陋建筑的"天子大酒店"，外形采用了传统的"福禄寿"三星彩塑，具象的造型，艳丽的色彩，把传统的"福禄寿"造型完全照搬，作为建筑，体型怪异，盲目照抄，与周围环境极不协调，给人们的视觉审美造成极度的不适。"福禄寿"大楼同样入选了 2017 年 5 月由全球著名建筑设计杂志《Architectural Digest》网站上选出的"全球最丑的 24 座大楼"。

很多造型怪诞的建筑还成了城市的地标建筑，严重影响了城市形象的塑造和文化的传播。为了追求"个性"和"风格"，越来越多的城市地标建筑都希望通过与众不同的造型来体现特色，"各种元素的矛盾与冲突，某些与环境格格不入的高层建筑形式急功近利，追求标志性引发了自我中心主义，忽视生态环境、城市文脉，甚至不惜牺牲功能，使城市空间不能形成一个协调的风格和明确主题，城市形态失去了和谐与统一。"[2]标新立

---

[1] 建筑畅言网. http://www.archcy.com/

[2] 冒亚龙. 高层建筑美学价值研究[D]. 重庆：重庆大学，2006.

异的丑怪建筑不仅严重影响了城市的视觉环境，对人们的视觉带来污染，还亵渎了城市文化。

### 3. 仿欧陆风建筑

改革开放后，中国的城市建设如火如荼，一批又一批的政府官员和学者到西方考察，带回来了西方的规划思想和建筑理念，在学习国外城市成功经验的时候，出现了盲目跟风、生搬硬套其他城市的发展模式。从 20 世纪 80 年代末起，中国各大城市在城市建设方面刮起了"欧陆风"，建筑领域尤甚。"欧陆风"主要是指欧洲古典建筑的风格，然而，我们看到的更多只是模仿西方古典建筑的形式，跟我们所处的环境格格不入，更缺少城市的文化和情感。

1994 年建成的深圳世界之窗是欧陆风建筑在中国城市的典型代表。它是著名的缩微景观，聚集了世界各地的建筑风格，公园中的每一个景点都按照不同比例仿建。2000 年以后，中国各个城市掀起了"仿欧陆风"的热潮，集体克隆外国地标建筑成为潮流，导致了"仿欧陆风"建筑的泛滥，如郑州的"朗香教堂"、苏州的"伦敦塔桥"、上海松江的"泰晤士小镇"、杭州天都城的"翻版巴黎"、大连的"威尼斯水城"、天津"佛罗伦萨小镇"，等等。美国的国会大厦在中国的上镜率最高，至少有十余处，似乎现在哪一座城市没有欧式建筑和欧式小镇就是落后的象征。

2000 年，上海推出了未来五年城市建设计划，在每一个区选择一个镇进行特色打造，于是出现了以松江新城和安亭、高桥、朱家角、奉城等九个乡镇组成的"一城九镇"计划。然而，在规划意见中提到"借鉴国外特色风貌城镇建设的经验，引进国内外不同城市和地区的建筑风格"的建设要求，于是，"一城九镇"很快对标欧美特色小镇，进行了"特色"定位：松江新城建成英国风格的新城，安亭镇建成德国式小城，高桥镇对标荷兰式风格，奉城镇建成西班牙风格小城……"一城九镇"计划推出以后，引起了巨大的争议，特别是不顾地形地貌和文化对欧美城镇搞全盘复制。尽管"一城九镇"后来有所调整，并未得到完全的实施，但对中国的"仿欧陆风"城市建设风向却有着一定的影响。据不完全统计，截至 2017 年，中国有 20 多个省份提出特色小镇建设计划，总数量超过 2000 个，而不少特色小镇又变成了欧式小镇、美式小镇，唯独没有自己的特色。

盲目模仿西方古典建筑，大量山寨建筑的出现折射出当下社会缺乏对自我文化的认同感，把城市变得不伦不类，忽略了城市空间和人们居住的环境，破坏了城市的整体美。

## 4. 仿古建筑

如果说仿欧陆风建筑是向西方学习，那么，仿古建筑就是向传统找答案。一般来说，仿古建筑包括两种类型，一种是指对传统建筑的修复或对原址上拆除的古建筑进行重建，另一种指通过模仿的手段对完全不存在的古建筑进行兴建。有着 3000 年建城历史的北京，在其现代化城市建设的过程中，大量的古建筑被拆毁，据统计，20 世纪 80 年代初北京保存比较完整的古城胡同有 3000 多条，到了 90 年代仅剩 1200 余条，后来古城胡同消失的速度越来越快，特别是 2006 年和 2007 年拆迁高峰时，北京有 361 条胡同同时在拆。然而，一方面大量拆毁古建筑，另一方面又到处新建仿古建筑。"北京曾经一度出现'把古都风貌夺回来'的口号，由于没有正确的认识，结果形成一边破坏传统文化建筑，一边在新建楼房上加盖琉璃瓦小亭子之类以示'夺回风貌'的做法，有些地方还出现了很多新建的古建筑。"❶比如，1986 年北京琉璃厂一条街的新建完成，就是在拆除之前古建筑的基础上采用单纯模仿的形式进行重新建设，一味地追求亭台楼阁、雕梁画栋，变成了一条面目全非的仿古商业街。

为了进一步发展商业和旅游业，受急功近利思想的影响，兴建古镇和古建筑一条街像雨后春笋在全国各地纷纷铺开。有在之前的基础上进行修复、改造建设古镇的；有的只有几座古建筑，然后规划建成古镇；更有甚者，完全是人为臆造，靠编故事兴建一座古镇。现在几乎每一座城市都会有新建的古镇或者明清一条街，很多地方的仿古建筑采用钢筋混凝土代替传统木质材料，然后在表面涂一层深红色油漆，做工粗糙，日晒雨淋后，油漆脱落，水泥外露，有碍观瞻。很多仿古建筑的风格很任性，只要是青砖绿瓦、屋檐上翘就变成了古建筑，常常把一些不同时代的传统文化符号生搬硬凑地混在一起，显得不伦不类。

很多仿古建筑与城市的历史无关，只是徒有其表，没有灵魂，没有历史记忆和文化内涵。大量不古不今的"伪仿古"建筑的存在，不但不能很好地传递中国传统建筑文化，反而由于其给人"拙、劣、丑"的印象影响城市形象和文化。

---

❶ 桂杰. "模型保护"能否夺回古都风貌[N]. 中国青年报，2004-4-13.

# 第七节　光污染与视觉污染

随着科技的不断进步，灯光早已成为城市的重要组成部分，也从最初的功能性向审美性转变。灯光照明最初的作用是为居民的夜间生活创造人工的照明环境，增加夜晚的能见度，提高安全感，方便人们的生活。现在的城市灯光通过各种展示技术和展示手段使得城市流光溢彩，给城市增添了浪漫的气息，活跃了城市氛围，营造出迷人的人居环境。"城市照明既是科学性的技术手段，又是人类文化的艺术表现，是物质与精神的结合，是感官满足与心理需求的交融。城市照明环境就是要将是人、物、光的不同特性相协调，将社会普遍规律与个体审美情趣相统一，来营造和谐、整体的城市照明环境。"❶城市照明不但能助推城市经济的繁荣发展，还可以美化城市环境，提高城市形象，甚至从某种程度上也能反映城市的发达程度。因此，各级政府都十分重视城市建设中的灯光照明部分，几乎每一座城市都推出了"城市亮化"工程，通过城市亮化让城市亮起来和美起来，提升城市的整体形象。

确实，城市需要亮化，但在"城市亮化"推进过程中也出现了各种各样的问题，主要表现在缺乏前期的规划和设计，盲目模仿，照搬照抄，浪费能源，带来了严重的光污染，等等。光污染作为视觉污染的一种类型，不同于空气污染、水污染，并未引起人们的足够重视。

## 一、光污染的定义

光污染由来已久，自然界本身也存在着光污染现象，随着电灯的发明和普及，特别是照明系统被越来越重视后，光污染变得越发严重，对自然环境造成了一定的破坏，已经影响了人们的日常生活。"光污染"这一名称最早出现于20世纪30年代，由于当时城市室外环境受光照明的影响使天空发亮，造成对天文观测产生一定负面影响，因此，国际天文界首先提出了"光污染"。各个国家对于"光污染"的称呼也不尽相同，美国和英国叫作"干扰光"，日本则称之为"光害"。

尽管光污染这一名词已出现近百年，但学术界一直未有较为统一的定义。我们只能从部分学者从各个角度对它进行界定了解它的范围和特征，

---

❶ 霍小平. 城市照明规划浅思[J]. 城市问题，2006（05）：28-31，50.

有学者认为："来源于人类生存环境中日光、灯光或其他反射、折射光源所造成的各种逾量的或不协调的光辐射。"[1]这一定义是从光本身入手，强调光的"逾量"和"不协调"。"光污染泛指影响自然环境，对人类正常生活、工作、休息和娱乐带来不利影响，损害人们观察物体的能力，引起人体不舒适感和损害人体健康的各种光。"[2]这是从光对人类健康造成的伤害角度界定光污染。

光污染主要有两个重要特征，一个是过量的光辐射，光辐射包括紫外辐射、红外辐射和可见光辐射三个部分，它们的光度和亮度都有一定的国际或国内标准，超出标准就叫作过量；光污染的另一个重要特征是对人的视觉和环境造成一定的负面影响，危害了人们的身心健康和环境的生态平衡。因此，光污染主要是指过量的光辐射给人的生活和生态环境造成的不良影响。

"据统计，光污染在德国每年增长 6%，意大利和日本分别为 10% 和12%，而 90% 以上的光污染危害人类的生活。"[3]然而，随着近年来我国各地亮化工程的大力实施，缺乏规划和设计导致的用光不合理，各地滥用灯光照明等现象普遍存在，中国的光污染现象不容乐观，已经严重影响了人们的日常生活和城市形象的塑造。

## 二、光污染的分类与现状

光污染作为视觉污染的一种类型，不同于其他视觉污染更具有主观性和更注重感性的特点，光污染可以通过科学的方法进行定量研究和分析，然后对其严重程度和危害结果进行评价、界定。其他视觉污染更多从城市规划、城市美学、城市设计的角度进行研究，而光污染目前研究的重点人群更多集中在医学、环境学和城市照明等领域。

近年来，随着"城市亮化"工程的不断实施，光污染问题也变得越发严重。通过光污染分布图可以看出，光污染与城市经济发展水平关系密切，经济发展水平较好的长三角、珠三角以及以其他一线城市光污染比较严重；但其他中小城市也不容乐观，可以说，光污染范围之广，已经覆盖了中国的所有大、中、小城市。越来越多的专家、学者开始关注城市光污染问题，

---

[1] 李燕玲. 噪光污染的民事立法缺位及其规制体系之构想[C]. 北京：中国法学会环境资源法学研究会年会，2003.

[2] 宗仁琴. 浅谈强化环境监测质量管理体系建设[J]. 中国新技术新产品，2014（12）：159.

[3] 曹猛. 天津市居住区夜间光污染评价体系研究[D]. 天津：天津大学，2008.

也从侧面反映了当下城市光污染的严重程度。

国际上一般把光污染分成三类：白亮污染、人工白昼和彩光污染。

### 1. 白亮污染及现状

白亮污染主要是指在白天当太阳光照射强烈时，城市里建筑物表面材料反射光线所造成的光污染，这些表面材料主要包括玻璃幕墙、釉面墙砖、磨光大理石以及各种涂料等装饰墙面的材料。

在当下的建筑物表面的材料中，白亮污染最严重的当数玻璃幕墙。可以说，自从玻璃幕墙诞生之日起，白亮污染就一直存在。玻璃幕墙在建筑上的应用最早可以追溯到 1851 年第一届国际博览会的展馆建筑，正是由于大量玻璃的运用，这一建筑被称为"水晶宫"。但由于早期的玻璃透明有余而隔热不足，致使处于环境里的人在强烈阳光的照射下炫目难忍。真正意义上的玻璃幕墙建筑的出现要晚至 20 世纪中叶，建筑大师密斯·凡·德罗采用染色玻璃代替无色玻璃，并在其建筑设计中不断实践，建成的建筑晶莹夺目，艳丽非凡，给人一种轻盈剔透的视觉感受。然而，太阳光线也从原先的直射转变为反射，受害者从室内的人变成了室外环境中的人。玻璃幕墙作为一种美观、新颖的建筑材料，广泛运用于写字楼、商业中心、酒店等各类现代建筑，成为现代主义高层建筑的一个显著特征。

城市白亮污染的主要载体是以玻璃幕墙为主的建筑外表反光材料。中国玻璃幕墙建筑最早出现在 1984 年，北京长城饭店是国内第一座玻璃幕墙建筑。随着中国经济的飞速发展和玻璃幕墙自身的优势，我国的建筑幕墙行业实现了跨越式发展，现已成为全球最大的使用国和生产国。从 20 世纪 80 年代开始，玻璃幕墙由于其特有的优点在我国城市建筑中得到了广泛的运用，特别是 2000 年以来，很多城市的公共建筑和标志性建筑都以玻璃幕墙为主，包括中央电视台总部大楼、上海环球金融中心、苏州东方之门、天津 117 大厦、南京紫峰大厦等一系列城市标志性建筑。随着城市的不断发展，玻璃幕墙建筑已在中小城市不断普及，给人们带来视觉美感的同时，每一幢玻璃幕墙建筑都是一个白亮污染的污染源，城市玻璃幕墙的泛滥所导致的白亮污染已对人们的工作和生活造成了极大的困扰。光学专家研究表明，通过玻璃幕墙反射的光比阳光直接照射更为强烈，其反射率高达 82%～90%，这一数值大大超过了人体所能承受的生理适应范围，成为当前白亮污染最主要的污染源。

玻璃幕墙的大量出现还带来了能源消耗和全球变暖问题。"不久前，美国纽约市市长宣称，对大型建筑而言，玻璃幕墙在能源方面的低效设计加剧了全球变暖，加之室内炫光问题，纽约市政府将对开发玻璃大厦进行限制，'美学不应超越环保'。"❶另外，随着各个城市玻璃幕墙建筑的不断增加，白亮污染也带来了一系列社会问题，人们对于白亮污染的投诉越来越多，白亮污染导致的交通事故也在逐年上升。

## 2. 人工白昼及现状

流光溢彩、灯火辉煌、霓虹闪烁、五光十色等一系列词语是人们对城市夜景的由衷赞美。每当夜幕降临，城市各处的灯光亮起，令人眼花缭乱，特别是商业区的户外广告灯、霓虹灯闪烁夺目，有些强光直冲云霄，使得夜晚如同白天一样，一个个城市变成了"不夜城"，这就是所谓的"人工白昼"。

人工白昼的污染源主要来自于三个方面。首先，LED显示屏造成的视觉污染最为严重。随着信息化时代的到来，现代信息显示技术的发展促进了城市照明的多样化。LED显示屏以其色彩鲜艳、动态连续、亮度高、寿命长等突出的优势成为城市美化和照明的主要选择，特别是以LED显示屏为主的广告牌、灯箱等已成为城市商业和城市宣传的主要手段。LED显示屏主要集中在商业街区、城市广场等处，商家往往为了吸引顾客的眼球和突显照明对象的特点，出现了片面追求照明对象高亮度，从而产生眩光和光污染，对人的视觉造成严重的不适。其次，人工白昼的另一个主要污染源是城市夜间公共照明系统发出的强光，如路灯、夜景照明、建筑物外立面照明等。如果说LED显示屏所导致的光污染更多是商家为了利益的自发行为，那么夜间公共照明系统所带来的光污染更多是城市亮化工程的产物。现在很多的公共照明系统一味地追求"亮"，刺眼炫目，给人的身心健康带来一定的危害。其实，很多城市的公园和绿地等公共空间是休息和放松的场所，不需要过度的照明。最后，除了LED显示屏和公共照明系统外，交通工具的灯光也是人工白昼的一个方面，特别是汽车车灯给人带来的视觉强刺激，相信很多人都有过这样的体验。

随着中国各大城市"亮化工程"的不断深入，夜景成了很多城市重点打造的名片，而灯光却成了夜景的主角，灯光早已不限于最初照明的功能，还成了城市夜景和建筑的点缀，灯光的滥用是每个城市普遍存在的问题，随之而来的就是光污染。人工白昼形成的光污染已经成为城市光污染的主

---

❶ 高正文，卢云涛，陈远翔. 城市光污染及其防治对策[J]. 环境保护，2019（07）：44-46.

要形式，经过调查发现，由于很多商业街区和建筑立面的各种霓虹灯彻夜灯火通明，严重困扰着人们的日常生活，有70%的人认为人工白昼影响健康，82%的人反映影响了他们夜间睡眠。苏晓明等在2014年对呼和浩特市中心城区夜晚照明情况进行科学的测量和研究，通过"卫星图像分析结合地面测试的高精度城市夜空亮度的检测方法"研究表明："受呼市城市灯光影响的夜空发亮面积约为1267.12km²，包含3至11级的所有区域；其中，核心区（11级所在区域）面积为191.5277km²；该面积占到城市发亮夜空面积总数的15%以上；而对比城市地面实际建成面积114km²，可知呼和浩特城市上空全部处于高亮度状态。" ❶

### 3. 彩光污染及现状

彩光污染主要是指彩色光源所发出的彩光所形成的光污染。彩光污染的污染源主要来自荧光灯、霓虹灯、黑光灯和旋转灯等。霓虹灯是当前城市中应用最为广泛的一种光源灯，有人把它形容为城市的美容师，五颜六色的霓虹灯把城市装扮得格外美丽。然而，霓虹灯正是由于它的亮度高、色彩鲜艳、动态闪烁等特点成了当前城市彩光污染的主要来源。另外需要特别说明的是黑光灯，黑光灯一般人比较陌生，它是一种特制的气体放电灯，其光源不同于其他种类的灯，由于能产生波长为330~400nm的紫外线，其强度远远高于太阳光中的紫外线，而人类对于这种紫外光极不敏感，因此，假如人体长时间受到黑光灯的照射，将对身体产生极大的危害。黑光灯主要应用于戏剧和音乐会显示器，也广泛应用于农业捕虫。

很多城市已经存在明显的彩光照明建设过度的情况，主要表现在机动车道两侧的绿化彩光照明过度，住宅景观彩光照明过度，天桥和立交的景观照明手法过于花哨，媒体立面各种彩光建设量过多等。城市中各色各样的彩色光源让人眼花缭乱，不仅刺激着我们的视觉，还影响着人们的大脑中枢神经。通过调查发现，彩光污染首先集中在城市的商业街区以及城市大型公共建筑，商业街区的各种闪烁的霓虹灯和户外灯箱广告越来越多，亮度也越来越高，完全缺乏设计感和艺术美感；很多十字路口的巨幅电子显示屏色彩也十分抢眼，电子显示屏的背景和广告往往大面积使用红色，对人们视觉形成了极大的冲击力，严重刺激了人们的神经；大型公共建筑包括政府大楼、图书馆、博物馆、文化活动中心等建筑，它们是城市形象

---

❶ 苏晓明，郝占国，张明宇. 呼和浩特城市夜空光污染特征研究[J]. 照明工程学报，2015（08）：124-128.

的代表，有关部门希望通过灯光对这些标志性建筑进行美化，营造氛围，传播城市形象，最后导致大量不合理、不恰当的彩色灯光的运用；很多建筑外墙的灯光通宵达旦，严重影响了周围生活的居民。彩光污染的另一个重灾区是以 KTV、酒吧、舞厅等为主的一些夜生活比较丰富的场所，各种五颜六色的彩光不断变化，刺激着人们的视觉和神经，导致了严重的彩光污染。彩光污染已成为当前城市最严重的光污染类型之一，值得我们警惕。

## 三、城市光污染的危害

光污染具有强制性，只要置身于光污染的环境中，很难躲避。光污染还具有隐蔽性，很多人长时间生活在光污染的环境中却不自知。然而，光污染给人类、生物和环境带来的危害是确实存在的，而且还有愈演愈烈的趋势，必须引起我们的足够重视。

### 1. 光污染对人类生理和心理的危害

人类既是光污染的主要制造者，又是主要受害者。光污染对人类健康的影响受到越来越多医学专家的关注，从侧面也反映了光污染的严重程度。

光污染对人体生理的危害首先表现在对眼睛的损害。早在 20 世纪 30 年代，就有科学家研究发现，荧光灯的频繁闪烁会迫使眼睛的瞳孔也跟着频繁缩放，造成眼部的疲劳。由于大量照明光源中散发出来的光含有红外光和紫外光，所含有的紫外光远远高于日常阳光照射的量，而通常眼睛中的晶体和角膜对紫外线吸收量很大，如果长期受到照射则很容易出现电光性眼炎、结膜炎等眼疾。

长期生活在光污染的环境中，还会干扰到大脑的中枢神经，会出现头晕目眩、失眠等生理紊乱的症状。严重者还会增加某些癌症的发病率，过多紫外线的照射会导致皮肤癌的产生，这也成为大多数人的常识，"在人类中有足够的证据表明紫外线辐射是基底细胞癌、非黑色素细胞癌（基底细胞癌和鳞状细胞癌）和黑色素瘤的重要风险。除了遗传易感性影响的背景外，所有典型的紫外线暴露是黑色素瘤最主要驱动因素。"❶医学证明，光污染还和乳腺癌、前列腺癌等癌症有一定的关系，甚至不少医学专家认

---

❶ 刘艺轩，刘平. 浅析光污染对人体身心健康的危害[J]. 中国城乡企业卫生，2017（12）：55-57.

为光污染已经成了仅次于吸烟的又一大致癌根源。

光污染还会对人的心理产生一定的负面影响。相信每个人都有过这样的经历：当长时间置身于过亮的照明环境中，或者眩光刺激眼睛时，我们会变得烦躁不安，甚至易怒。当下城市大量出现的各种动态光产生的光污染对人的心理影响更大，"动态干扰光对人的心理感受和情绪反应干扰程度要比对人的视觉功能干扰强烈，其中对喧闹的、刺激的、抑郁的、烦恼的、厌倦的等方面的感觉影响程度突出。"❶通过"光谱光色度效应"测定显示："人们长期处在彩光灯的照射下，其心理积累效应，也会不同程度地引起倦怠无力、头晕、性欲减退、月经不调、神经衰弱等身心方面的病症。以白光 100%光谱效应作为参考，蓝光对心理的影响指数达到 152，紫色的光达到 155，红色的光达到 158，而紫外线的光是最高的，达到 187。"❷因此，相对于白光污染，彩光污染对人的身心影响更大。

## 2. 光污染对自然环境的危害

除了影响人的身心健康，光污染对自然环境还存在着一定的危害，影响着生态的平衡。

首先，光污染对动植物的影响。受光污染首当其冲的动物就是鸟类，国内外经常有光污染导致大量鸟类死亡的报道。鸟类的数量在过去几十年中减少了 30%以上，其原因是多方面的，美国加州理工州立大学生物学者 Clinton Francis 则从光污染和噪声污染的角度对鸟类健康和物种造成的伤害进行了研究，这项发表于 2020 年 12 月《自然》杂志的成果表明："受光污染影响，草地或湿地等开放环境中的鸟类会比正常情况下提前一个月开始筑巢。""这项研究还有一个重要发现是，光噪污染对鸟类物候的影响。""物候是鸟类筑巢时间与其繁殖时间和资源可用性之间的时间匹配。"❸光污染除了影响鸟类的繁殖外，还会使鸟类的飞行迷失方向，导致鸟类的大量死亡。光污染还对昆虫有致命的危害，我们经常会在城市的路灯下看到大量死亡的昆虫，这是由于很多昆虫具有趋光性的特点，而夜间强光会导致很多昆虫直接扑向灯光而死亡。可以说，越来越严重的光污染不只是星空爱好者的噩梦，同样也是很多夜行动物

❶ 洪艳铌. 城市夜景照明中光污染问题分析及对策研究[D]. 武汉：湖北美术学院，2011.

❷ 广西南国早报官方账号. 长期受光污染困扰，生理心理健康受损——关注光污染之调查篇[N]. 南国早报，2020-11-13.

❸ 冯丽妃. 光噪污染影响鸟类存亡[N]. 中国科学报，2021-03-01.

的噩梦。

其次，光污染还对天文观测、气候有一定的影响。光污染首先破坏的就是夜空，当我们抬头仰望夜空时，已很难见到满天的繁星，更见不到曾经美丽的银河。光污染这一名词首先就是由于室外照明影响天文观察而被天文学界提出，根据天文学的统计，"在夜晚天空不受污染的情况下，天空中可看到的星光度接近 7 等（即 7m），大约 7000 颗；在中小城市的市内，光污染已很严重，夜晚可看到的星光度接近 3m，约 50 颗；在大城市的市内，光污染特别严重，只可能看到 2m 的星光，总共只有 20~30 颗。"❶难怪美国国家海洋和大气管理局科学家克里斯·埃尔维奇感慨已经有一整代美国人没有见过银河了。正是由于光污染的日益严重，很多城市的天文台已经没法使用，被迫搬迁至偏远地区。另外，近年来，城市气候异常也与光污染有着密切的关系。城市气温的升高所形成的"温室效应"不仅仅和城市大量的钢筋混凝土建筑有关，也不仅仅和大量汽车、工业排放的废气有关，大量照明设备排放的热量也助长了城市的温升，导致城市往往比郊区的温度更高。

### 3. 光污染对城市环境和交通的危害

城市中的灯光照明是一把双刃剑，一方面，灯光美化了城市环境，给人们的生活带来了便利；另一方面，过度的城市照明形成的光污染又影响了城市环境的塑造。中国当前还没有对城市的灯光照明进行管理和约束的专项法律法规，灯光照明整体处于无序的状态。各个城市、各个地区的"亮化工程"攀比严重，最后导致夜晚的室外空间越来越亮，各地大量景观照明功能性、氛围性和艺术性效果较差，丧失照明设计的美学底线，反而容易形成光污染，有损于城市的形象。因此，光污染不仅影响了生态环境和人们的身心健康，还影响着城市的可持续发展。

光污染还带来城市能源的极大浪费和城市环境的污染。"全球每年照明耗电约 2 万亿度，生产这些电力要排放十几亿吨的 $CO_2$ 和一千多万吨 $SO_2$。地球环境变暖因素的 50%是由 $CO_2$ 造成的，而大约 80%的 $CO_2$ 来自化工燃料的燃烧。"❷根据中国政府统计，我国每年的照明消耗电量大概为 3 千亿度。在照明消耗中，有不少是由于各个城市对夜景照明的缺乏规划而造成的能源浪费。因此，不仅仅照明不合理、不科学所形成的光污染给城市环境造成影响，生产这些电能的燃料的燃烧也同样给城市环境带来污染。

---

❶❷ 陈思礼. 光污染对环境与健康的影响[J]. 中国热带医学，2007（6）：1005-1009.

光污染对交通存在着一定的安全隐患。一方面，城市繁华地段的夜景五光十色、交相辉映，各种彩光忽明忽暗，往往容易干扰驾驶员的视线，分散注意力，引起视觉疲劳，存在交通安全的隐患。另一方面，白天玻璃幕墙反射光线导致的白亮污染对驾驶员有一定的危害，玻璃幕墙所产生的强烈反光刺激驾驶员的眼睛，导致短暂"失明"，成为交通安全的一大隐患。

# 第四章 中国城市视觉污染原因分析

随着城市化进程的不断加快，城市建设在取得巨大成就的同时也带来了视觉污染等一系列问题。城市视觉污染不仅仅影响着城市形象的塑造和品格的形成，更侵蚀着人们的身心健康。城市文化的缺失和审美能力的缺乏是导致当前城市视觉污染的根源，城市规划的"同质化"不断抹灭城市应有的特色和文化，城市管理的无序化和管理人员的非专业化使得城市的视觉污染随处可见，杂乱无章的户外广告和粗制滥造的城市公共艺术反映了设计伦理意识的不足，公众参与意识的淡薄导致对城市视觉污染的重视不够。

## 第一节　城市文化的缺失

文化是一座城市安身立命之本，缺失文化的城市就缺少了灵魂。人在创造城市的同时，也创造了城市文化。千百年来，中国一直有着灿烂的城市文化。从秦汉时期的咸阳到六朝的建康，从隋唐的长安、洛阳到北宋的东京，从南宋的临安到明清的南京、北京，都曾是世界上最有影响的城市，文化底蕴极其深厚。城市是文化的载体，中国历史上的城市从不缺文化，故宫体现了皇权文化，北京的胡同和四合院是市井文化和平民文化的代表，江南园林体现了文人文化，上海外滩的欧式建筑是中西合璧文化的产物。然而，近些年，在规模空前的城市化和现代化浪潮中，忽略了城市文脉的延续性，城市中太多有内涵的东西被破坏，文化缺失已成了中国城市发展中出现的突出问题。

### 一、失去记忆的城市

随着城市的老旧建筑被一座座拔地而起的高楼所取代，明清时期的石板街变成了一条条宽阔的马路，老城边的一棵棵梧桐树被无情地砍掉，我们不禁要问：这还是我们熟悉的那座城市吗？每座城市都有自己的历史记忆，而我们对于城市的记忆却在变得模糊直至消失，消失的不仅是城市记忆，还有千百年来所积淀的城市文化。正如冯骥才先生所说："城市的管理者们，或片面追求现代化速度，或迫切地积累任上的政绩，或只盯着眼前的经济利益，将成片成片的城区交给开发商任意挥洒。他们对这些城区的文化遗存的情况大多一无所知，甚至也不想知道。于是短短十余年，不少城市的个性特征、历史感和文化魅力，被涤荡得寥寥无几。北京的四合院，江南的小桥流水，还有我们一些城市的那些源远流长的老街，正被一片片从城市版图上抹去。神州城市正在急速地走向趋同。文化的损失可谓十分惨重！"❶冯骥才先生的这段话，无疑是中国一些城市真实的写照。城市记忆既包括城市中的古迹、历史街区、遗址、民居等物质形态，还表现在城市的社会习俗、传统技艺、邻里关系等非物质形态方面，这些都是一座城市文化价值的重要体现。

## 1. 大规模"造城运动"导致城市文化记忆的消失

1949 年，中国城市的数量为 132 个，大约 10%的人口生活在城市；1978 年末，全国城市总数为 193 个，城市化率近 18%；到 2018 年末，中国的城市数量为 672 个，城市人口近 8.3 亿，城市化率达 60%。这一系列数据表明，改革开放以来，中国的城市化进入高速发展期，城市数量激增，城市人口大幅增加。随之而来的就是大规模的造城运动，"旧城改造"和"建设新城"成了每个城市的头等大事。然而，城市化的进程应该是渐进的、自然的过程，而中国只用了三四十年的时间完成了发达国家一两百年的城市化历程，这种人为的快速城市化带来了一系列城市问题。大规模的"破旧立新"的城市建设，导致各个城市的历史人文特征迅速消失，全国到底拆了多少古建筑和历史街区已无法统计。仅北京在 1990 年到 1998 年的 8 年间，由于大规模旧城改造拆除老房子达 420 万平方米，其中大部分是构造精美的四合院；仅 2007 年 9 月，北京就有 361 条胡同同时在拆。四合院是中国传统的建筑形式，建筑之雅致，结构之精巧，体现了丰富的中国传统文化。作家舒乙把胡同称为北京的第二城墙，胡同文化是北京市民文化的代表，让人感受到传统的街巷生活和富有人情味的活生生的城市。四合院和胡同的消失意味着北京古城的影子逐渐黯淡，北京传统文化的不断消失。

---

❶ 冯骥才. 手下留情——现代都市文化的忧患[M]. 上海：学林出版社，2000：41.

## 2. 作为人们城市记忆重要载体的环境和场所不复存在

城市为人们创造了环境和场所，是人的主观意识和环境的客观存在的关联和互动，城市是人与环境互动的有机整体。然而，千百年来所形成的场所已不复存在，人们曾经熟悉的环境和场所在不断消失，对周边环境变得越来越陌生。"在舒尔茨的'场所'概念中，场所不仅包括各种物质属性，也包括人们在长时间使用中赋予的某种环境氛围与情感内涵。所以，'场所'在某种意义上是城市记忆的一种物体化和空间化，传达的是人们对一个地方的认同感和归属感。"❶曾经熟悉的地方变得渐行渐远，被高楼林立和水泥森林所替代，场所是人们精神文化和情感内涵赖以生存的基础，熟悉的场所的消失也使得人们情感变得失落，对城市的印象变得越来越模糊。可以说，失去历史记忆的城市是没有情感的城市，也是没有文化的城市。

## 3. 传统邻里关系的解体

"远亲不如近邻"是对中国传统邻里关系的生动描述，"与邻为善、以邻为伴"的邻里精神是中国传统文化的重要组成部分，中国作为礼仪之邦，向来注重邻里关系的和谐。然而，随着城市化进程的不断加快，传统的邻里文化在逐渐消失，传统互帮互助的邻里关系已被人们渐渐淡忘，人与人缺乏交流，邻居变得陌生，老人变得孤独，儿童没有了玩伴。

传统邻里关系的解体首先是由于传统社区模式的解体，传统社区模式通常是以同一血缘或同一单位居住的人为主，便于交流沟通，大家比较熟悉，属于"熟人社会"，邻里之间交往较多，关系和谐。现代社区带来的邻里结构已发生了明显的变化，众多陌生的毫无关系的人居住于同一环境，心理的隔阂减少了邻里的交往，紧锁的大门使得对门的人都不认识，人情变得冷漠。现代高层建筑住宅的兴起客观上也阻碍了邻里之间的交往，住宅之间和单元之间的相互独立、相互封闭，缺乏足够的公共交流空间，使得人与人之间的交流变得困难。人口的不断流动和迁徙使邻里环境不断变化，不利于良好的邻里关系的形成。现代社会由于工作更换频繁，需要更换住所，就形成了在不同城市或同一城市不同区域之间进行迁移，传统的稳定邻里环境被破坏。在传统的邻里交往中，思想情感的交流占有很重要的地位，人们可以通过交流宣泄情感，得到情感的慰藉。然而，当下工作和生活压力越来越大的人们却恰恰缺少了情感宣泄的渠道。传统的邻里关系是城市记忆的重要组成部分，随着城市化的不断发展，作为情感交流重

❶ 陈建娜. 拉住即将消失的城市记忆[J]. 城市问题，2013（04）：2-6.

要窗口的邻里关系已不复存在。

## 二、注重物质轻视精神

城市因人而存在，因让人生活得更好而建设。然而，在当今后工业化、全球化的大潮下，中国城市的发展已走上过于追求物质而轻视精神的道路。自然和人类的和谐关系逐渐被破坏，文化传承正在流失，人类对物质的贪欲和对资源的消耗令人惶恐，盲目的享乐主义和消费主义裹挟着每一座城市，城市失去了应有的精神。

### 1. 功能至上的城市发展观

19世纪末，为了更好地适应现代工业化大生产和人们生活的需要，在现代主义设计领域，出现了强调功能和效益的设计主张，这便是功能主义的设计理念。随着路易斯·沙利文提出著名的"形式追随功能"的口号，主张设计的实用性和功能性，德意志制造联盟的"标准化"设计理念和包豪斯在教学中的实践把功能主义理念推向一个新高度。然而，随着功能主义的不断发展和实践，出现了盲目追求设计的功能性现象，导致了功能主义的极端现象。在中国当前城市建设中，极端的功能主义现象普遍存在，主要表现在一味追求经济的发展导致城市建设一切从功能至上出发，比如过分强调居住、商业、交通等物质方面的需求，而忽视了人们的精神需求。

中国城市的发展唯 GDP 论的现象仍然比较严重，通过城市规模的不断扩张和利用土地资源建设城市，带来经济的高速增长。唯 GDP 论带来的直接后果是：很多城市只有现代化，没有传统；只有商业，没有文化。功能至上造成城市文脉的断裂，当我们置身于城市时，只见千篇一律的刻板建筑，不见城市的精神；只见一条条宽广的道路，不见城市应有的活力。

### 2. "城市人"精神的匮乏

随着城市人口快速增长，无处不在的压力给人们带来诸多的苦恼：生活工作的快节奏、拥堵的交通、人与人关系的疏离感等，一系列问题使人们变得焦虑不安、神经疲惫，进而通过追求物质缓解焦虑。"研究表明，经济、情感、生存等多方面产生的强烈不安全感使得个体内部处于失调状态，并驱使人们追求物质主义目标，以之作为补偿策略满足个人的安全需要，缓解相应的压力和焦虑。由此可知，物质主义既是个体不安全感的心理表现，也是人们应对焦虑的一种策略。"❶正是由于对物质无尽的追求，整个城市弥漫着物质感官享受和相互攀比的风气，忙碌的生活节奏使得"城市人"的精神极度空虚。

## 三、城市文化资源的缺失

城市文化资源是城市文化的集中体现，每一座城市在其发展过程中都形成了自己特有的城市文化资源。城市文化资源包括以地形地貌、山川河流为主的城市自然资源，以历史遗存、特色民居、风俗习惯、文化景观为主的历史文化资源和以文化活动、文化创意等为主的现实文化资源。中国的城市在其千百年的发展历史中，形成了极其丰富的历史文化资源，在现代化城市建设过程中理应成为城市文化建设的有力保证。

### 1. 城市历史文化资源的消失

中国快速的城市化进程是以城市文化资源的不断消失作为代价的，各个城市在"旧城改造"中拆毁了大量的历史建筑、古街和自然景观，取而代之的是一座座现代化的高楼大厦。一味强调经济的发展导致城市大量的自然资源被破坏，水污染、大气污染、土壤污染已经成为制约城市发展的瓶颈。更令人痛心疾首的是，不少城市为了发展经济把原有的古城毁坏了，为了发展旅游又重新规划进行古城重建，山西耗资上百亿再造大同古城，开封拟投资千亿重现汴京盛景，山东 72 亿元凭空建起的"人造古城"——台儿庄古城……2012 年 6 月，住建部副部长仇保兴在"纪念国家历史文化名城设立三十周年论坛"上痛批"拆真名城、建假古董"的行为。平遥和丽江正是由于其原生态和上千年的历史传承受到大家的青睐，以其特有的历史文化资源和自然资源体现出城市文化的独特性。历史文化资源一旦破坏，就无法恢复，重建古城根本恢复不了"大唐大宋"，城市文化资源的消失使城市成了无源之水、无本之木。

### 2. "名人故里"之争

近年来，"名人故里"之争成了中国城市发展中的独特现象，名人故里意味着不可多得的文化资源，然而，其背后归根结底却是利益之争。据

---

❶ 王春晓，朱虹. 地位焦虑、物质主义与炫耀性消费——中国人物质主义倾向的现状、前因及后果[J]. 北京社会科学，2016（05）：31-40.

不完全统计，自 2000 年以来，全国各个城市的名人故里之争就有上百起，不但历史上正面的人物形象在争，负面的也在争；真实存在的在争，虚构的也在争。2009 年，湖北嘉鱼、安徽潜山、浙江义乌等五省七市分别向国家工商总局申请《三国演义》中的人物大乔小乔的"二乔故里"为当地旅游商标；2010 年 4 月，河南新密、江西宜春、山东日照都称自己是"嫦娥奔月地"；甘肃天水、湖北安陆和四川江油都号称"李白故里"；更令人不可思议的是，山东阳谷、山东临清和安徽黄山竟然在争夺"西门庆故里"。名人故里的争夺显得喧嚣浮躁、急功近利，其背后一定程度上是文化资源的匮乏和对当下文化的极端不自信，受利益驱动的名人故里之争是对文化的扭曲和亵渎，令文化的传承陷入功利主义和庸俗化的泥潭。

### 3. 城市文化资源分布不平衡

公共文化设施和各项文化活动是当下城市文化资源的重要组成部分，城市间发展的不均衡和对文化建设重视程度不同导致当下文化资源分布的不平衡。城市公共文化设施主要包括博物馆、美术馆、文化馆、音乐厅、图书馆、文化艺术中心等，是用来开展各项文化活动的公共场所，是传播文化的重要平台。然而，从目前各类城市的现状来看，大城市在文化资源的分布和文化活动的开展方面普遍做得较好；而很多中小城市尽管已经具备了较好的文化设施的硬件条件，但由于文化活动较少，有的美术馆一年只有两三次层次不高的展览，建筑成了空壳，很多公共文化场所部分改成商业用途，并未起到文化设施应有的功能。因此，总体来看，中国的城市普遍缺乏以各项文化活动为主的现实文化资源。

## 第二节　审美能力的缺乏

当下中国城市之所以有大量的视觉污染存在，审美能力的缺乏是很重要的因素。《新周刊》曾做过一期"低美感社会——我们时代的审美匮乏症"，把中国当下的审美现状概括为"十大病"："在这个低美感社会，许多人患上了审美匮乏症，它的十大病症表现为：丑形象，土味家居，奇葩建筑，非人街道，塑料设计，网红脸，伪古风，广告有毒，抖式快感，文化雾霾。"在这十大病症中，"丑形象""奇葩建筑""非人街道""伪古风"和"广告有毒"等几种现象在前面章节"中国城市视觉污染的现状研究"中都有详细的论述，是当前中国城市视觉污染的真实写照。审美能力已经逐渐成为新时代的必备能力，已经成了一个人的核心竞争力，它关系到一个人的外在形象和内在气质。同样，对于一座城市而言，审美力同样是通过城市的外在形象和内在的文化体现出来。公众的审美力从某种程度上也决定了设计水准，一个国家的设计水准最根本的一点在于整体社会对于设计文化认同的水准，公众的审美水平高了，对设计的要求就会高，那么，城市视觉污染就会得到很好的改观。

## 一、美育教育薄弱

哲学家席勒首先提出了"美育"这个词，在他看来，在人性分裂和异化的时代，美育能够恢复人性的完整。20世纪初，"美育"这个词被引进到了中国，"王国维在发表于1903年的《论教育之宗旨》中说，教育的宗旨就是培养身体和精神的能力'无不发达且调和'的'完全之人物'，这种教育包含了智育、德育、美育和体育，'美育者，一面使人之感情发达以达完美之域，一面又为德育与智育之手段，此又教育者所不可不留意也'。"[1]王国维这里所说的美育，同样是作为人的全面发展的重要组成部分。中国的学校教育从小学一直到大学都提倡培养"德智体美劳"全面发展，美育是"五育并举"教育中的重要一环，在培养人的全面发展方面同德育、智育有同等重要的地位，通过十余年的美育教育，大众理应具有一定的审美能力。然而，现实却不容乐观，中国居民的整体审美能力偏低，包括很多受过高等教育的人也缺乏应有的审美能力。难怪画家吴冠中感慨："现在的文盲不多了，但美盲很多。"

### 1. 美育不是艺术教育

在中国的学校教育中，一直存在这样一种误区，把美育等同于艺术教育。固然，审美教育和艺术教育二者有着紧密的联系，都是按照美的规律改造世界的重要手段，但二者也有着较大的区别。审美教育本身并不是一个独立的科目，它存在于其他所有的学科中；而艺术教育往往是通过美术、书法、音乐、舞蹈等艺术课程实施。审美教育的目的是使人具备发现美、欣赏美、创造美的能力，它传达的应该是一种理念和能力；而艺术教育更多的是教大家一种技能。艺术教育是美育的重要组成部分，也是进行审美教育的主要手段。然而，在我们的中小学教育中，对美育的认识还比较模

---

[1] 杜卫. 当前美育和艺术教育关系的若干认识问题[J]. 美育学刊，2019（03）：1-6.

糊，美育的目的和内容不明确，美育并未得到应有的重视，往往只是通过美术和音乐这些所谓的"副科"课堂实施美育，而很多中小学的美术和音乐课还很难开齐、开足，审美教育成了最没有存在感的教育，远远达不到美育的要求。另外，美育不是单纯的技能教育，中小学艺术课堂中更多的是注重艺术技能教学，而对学生审美能力的培养却远远不足。目前已有地方把艺术科目纳入中考，希望通过升学考试机制倒逼学校和学生重视美育，然而，考试却又让美育变成了应试教育，只是简单地让学生掌握一两项艺术特长，把美育变成了技能教育。美育不是知识性的理论灌输，也不是简单的技能表演，美育的目的是育人，是通过培养认识美、爱好美和创造美的能力提高人的精神、意志和品格。

美育是一种情感教育，蔡元培提出美育"以陶养感情为目的"，通过美育提升人们的趣味和情操。因此，在学校教育中，美育应该贯穿于各门课程、各项活动和各处环境，整个校园应该弥漫着美的氛围。固然，要使在数学、物理、化学这些课程中融入审美教育有一定的难度，但只要教师具有在课堂教学中融入美育的意识，就会发现美，完全可以把美育渗透到各门课程教学中。

## 2. 美育不只是学校教育

除了学校教育，家庭教育、社会教育同样也是美育实施的重要阵地。美育实现的途径是和环境联系在一起的，环境的熏陶极其重要，美育是一种感知教育，只要是目之所及的都离不开审美，因此，营造美的环境是实施美育的重要手段。家庭环境的整洁和美观，家庭成员的言行举止都能营造一个美的氛围，这种"随风潜入夜，润物细无声"的长期熏陶，人的审美能力会得到很大的提高，从而获得心灵的愉悦和满足。包括博物馆、美术馆在内的社会教育，对美育的实施也起到极其重要的作用，可以通过艺术作品的欣赏带来沉浸式、实践式的美育环境。

美育是一种环境教育，是通过环境来实施审美教育活动。然而，我们不但没有学会审美，还被严重缺乏审美的环境所包围。在家庭环境中，美育的重要性并没有被认识，认为美育就是培养特长，家长和孩子周末奔走于"琴棋书画"的各项课堂，以技能为主的特长教育成为家庭美育的全部。对于社会环境而言，中国当前城市环境对于美育的开展却极为不利，前面所列举的审美匮乏症带来的十大病症就是当前城市环境的真实表现，可想而知，每天生活在这样的环境里，对于审美能力的培养简直就是灾难。"正如中国当代文化名人余秋雨所感叹的那样：'在糟糕建筑、糟糕街道的基

础上塑造了糟糕的一代，那么我们审美的基础就会一味地走下坡路。' "❶

## 二、审美从众心理

审美活动，是个人情感体验的过程，每个人由于自身的阅历、成长环境、接受教育等差异对美会有不同的认识。审美是一个很宽泛的领域，涉及到生活的各个方面。然而，在日常生活中我们经常会遇到这样的现象：在购买衣服时，看到别人穿得好看，或者是别人觉得好看而去选择，这就是所谓的审美从众心理。"审美从众心理是指审美中的选择、判断、情感、评价依从众人的心理倾向。"❷从众心理是当前审美中的普遍现象，有其内因和外因，内因主要表现为审美主体审美能力和自信心的缺乏而盲目从众；外因则是由于社会压力和思想观念而导致的被迫从众。

### 1. 审美主体能力和自信心的缺乏

审美主体由于对审美对象缺乏经验和必要的判断能力，就会出现依据多数人的判断和评价为自己的判断和评价，也就是我们常说的"随大流"现象，成了众人的影子。中国城市出现的种种审美乱象更多是由于缺乏审美判断力导致的，比如，各地兴起的"假古城""明清一条街"成了"网红打卡地"，游客趋之若鹜，很多人缺乏自己的审美判断能力。"从表面上看，赶时髦，随大流是在跟随社会的审美时尚，但这种从众心理却反映出消费者的内在缺陷。他们既缺乏一定的艺术修养和审美能力，又不愿让别人看到自己'落伍'，渴望获得社会的承认与认同。因此，当消费主体缺乏强烈的自我意识时，便难以阻挡群体的影响，情不自禁地采取'趋众'行为。"❸在缺少审美经验和判断能力的情况下，人们只能参照他人作出同样的判断。作为政协委员的靳尚谊曾在全国两会上呼吁："美术界要尽自己的力量，给我国城市设计补一堂审美课。"当然，我们不可否认，还有部分人具备一定的审美认知和价值判断能力，但由于缺乏自信心而会形成习惯性的盲目从众。

### 2. 思想观念带来的社会压力

"枪打出头鸟""鹤立鸡群"，在我们传统的思想观念中不提倡个体的

---

❶ 娄永琪. 浅议城市建设中城市设计师的责任[J]. 规划师，2004（12）：113-114.

❷ 朱立元. 美学大辞典[M]. 上海：上海辞书出版社，2010.

❸ 宋建林. 艺术消费心理的表现与引导[J]. 民族艺术研究，2005（03）：49-55.

标新立异，因此，审美从众心理还来自于传统思想观念带来的社会压力。几乎在所有的社会情境中，作为群体的人，都不愿意被称为"不合群的人"，社会的观念和周围的环境必然会对他的审美产生各种各样的影响，造成无形的压力，在压力下被迫从众。

2019 年两会期间，民革中央向全国政协提交了一件关于"校服"的集体提案，引起社会的热烈讨论，调查显示，目前国内校服公众满意度低于30%，很多学校片面强调统一规范，不重视校服舒适度和美感，结构松垮、样式丑陋，出现"千校一服"的现象，严重影响了校服的育人和审美功能。我们需要反思，之所以会出现全国范围内的样式丑陋的"千校一服"现象，很大程度上是我们整个社会的审美出了问题，也跟我们思想观念压力下带来的各所学校领导的审美从众心理有着密切的关系。"影响审美从众的群体，其特征包括群体的规模、群体的一致性、群体的凝聚力以及多数派成员的地位等因素。根据社会心理学家的研究，群体规模的增长，其对个体的从众也就施加了更大的压力。"[1]丑陋校服的普遍存在正是由于社会感染所形成的"循环效应"，群体的一致性对学校个体形成了感染和压力，导致被迫从众。

## 三、"审美"还是"审丑"

随着中国城市化向纵深发展，城市形象的建构已被越来越多的政府重视，然而，从现状来看，城市视觉污染现象依然严重，许多丑、怪、俗的建筑、雕塑和广告仍然分布在城市的每一个角落。这种现象跟审美能力的缺乏有直接的关系，审美能力缺乏带来的直接后果就是城市形象的低俗。梁文道在评论北京电影节被网友调侃为"西蓝花"海报时认为，我国社会的"主要矛盾"已经转化为年轻一代日益增长的审美需要和现实的审美匮乏之间的矛盾。

### 1. 传统审美体系的断裂

几千年来，中国每个朝代都有自己的审美取向，早已形成了中华民族一脉相承的独特审美体系，这套体系根植于中国的传统文化。然而，20 世纪初期，面对西方文化的冲击，五四运动和新文化运动作为一种内在的文化批判力量，有它的必然性，也有它的局限性。科学主义和工具主义带来

---

[1] 潘智彪. 寻找"有意义的另一个人"——论审美活动中的从众心理机制[J]. 中山大学学报（社会科学版），2005（06）：34-38.

了"科学"和"民主"的口号，但也对传统文化进行排斥和否定。之后很长一段时间，传统文化一直被当着落后、愚昧的象征，传统文化赖以生存的土壤逐渐消失，那么，与传统文化相关的审美经验也将走向消亡。

传统审美体系已经不复存在，新的审美体系尚未建立。面对改革开放后的全球化和西方文化观念的冲击，物质主义、消费主义、享乐主义等各种观念刺激着人们的神经，现代主义、后现代主义交织在一起，让人们无所适从，进一步带来了审美的垮塌。从目前来看，要想建立一套新的审美标准只能依靠教育，而中国当前的审美教育还任重而道远。

## 2. 城市形象的丑俗

一个城市的形象首先是由城市的建筑直接体现的，建筑是城市的名片。近年来，中国各大城市出现了大量的丑俗建筑。广州融创大剧院选择了丝绸、凤凰和红色等几大中国传统元素，然而，经过英国建筑事务所设计师的设计后，呈现给大众的是"花棉被"形象，远远望去，醒目鲜艳的红色，堆叠柔顺的褶皱，被面上绣着百凤图，整个设计把中国的传统元素生拼硬凑在一起，并无美感可言。

著名的诺贝尔奖获得者赫伯特·亚历山大·西蒙在预测当今经济发展趋势时说："随着信息的发展，有价值的不是信息，而是注意力。"在注意力经济效应的驱使下通过矫饰堆砌、生搬硬套设计符号刻意追求建筑的丑怪形式来吸引人们的眼球。城市形象的丑俗，除了吸引眼球的丑陋建筑，还表现在城市景观雕塑、城市户外广告等方面，这些丑俗形象所带来的视觉污染严重影响了城市视觉形象，制约着城市的发展。

# 第三节　盲目的城市规划

在追求快速发展的城市建设中，很多城市热衷于大拆大建，使城市变得面目全非，变得毫无特色。在大拆大建的过程中，拆掉的不仅仅是建筑和景观本身，更是生活在城市中人们的记忆和城市传承的文化。城市是有温度的，如何在城市规划中凸显城市文化的积淀，注入文化的灵魂并能保持城市的特色就显得尤为重要。然而，通过研究当下各大城市所进行的轰轰烈烈的"造城"运动不难发现，目前城市规划普遍存在着盲目规划的不合理现象。

## 一、城市规划同质化

由于城市规划的发展滞后，在学习国外城市成功经验的时候，出现了盲目跟风、生搬硬套其他城市的发展模式。城市广场、景观大道、仿古街区和异域风情街区已经成了各个城市的标配，城市"同质化"现象日益严重，而当地政府由于政绩的驱使和急功近利的思想使得城市规划脱离本地的城市文化和城市特色。盲目跟风的思想不仅造成资源的浪费，更会阻碍一个城市的发展。

### 1. 贪大求洋

随着中国城市化进程的不断加快，城市人口急剧增长，城市规划就变得尤为重要。由于中国当代本土化城市规划理论和实践的欠缺，各大城市纷纷照搬西方城市规划模式，盲目的西方化使中国的城市在最短的时间内形成了"千城一面"。"千城一面"反映的是我们对西方城市规划过度盲目的推崇，以及对本土文化的极度不自信。我们经常说"罗马不是一天建成的"，然而，中国城市建设的速度令人惊叹。我们没有时间去研究自己城市的历史和文化，城市文脉和肌理被彻底割断。高建筑、宽马路、大广场、高架桥、景观大道等成了中国每个城市的必配，否则就是落后。中国不少城市推崇西方设计师的城市规划方案，沦为西方规划的实验品，这种脱离城市实际的"洋人规划"是丧失个性、丧失民族城市心态的表现。

进入 21 世纪，中国各大城市纷纷进行"大规划"，盲目追求城市规模的扩大。据不完全统计，2004 年就有 48 个城市提出要建"国际大都市"，规划面积之大让人瞠目结舌，甚至有城市规划面积比巴黎和伦敦大出近 10 倍的规模。中国国家发展和改革委员会城市和小城镇改革发展中心规划院院长沈迟在 2015 中国城镇化高层国际论坛表示："中国很多城市都希望自己成为国际城市，在城市定位的时候将近 100 个城市把自己定位为国际城市，当然我们离国际城市距离还非常远，就算是上海这样的国际城市，可能外籍人士的比例也不是很高。"一味贪大是不尊重城市发展规律的表现，会带来一系列的问题，诸如交通拥挤、环境恶化、房价飞涨、空间拥挤等。另外，不但我们城市的规划贪大，城市的建筑、道路、广场的规划也不切实际地贪大。比如，几乎每座城市都有城市广场，中国城市的广场越建越大，最具代表性的是大连的星海广场，广场南北方向长轴为 1010 米，东北方向短轴为 630 米，总占地面积达到 176 万平方米，是亚洲第一大广场，是北京天安门广场的 4 倍。城市广场是作为人们休闲娱乐、散步交流的主要活动场所，而越来越大的城市广场更多地成了形象工程、面子工程，完全削弱了广场的使用功能。

### 2. 紧跟经济风向标

中国城市规划的盲目跟风还表现在紧跟经济发展的风向标而脱离城市本身的实际。2010年前后，由于旅游经济的兴起，全国各大城市规划纷纷立足"旅游"产业，一拥而上，建设和打造旅游城市。旅游城市的打造需要具备一定的条件，特别是是否有丰富的旅游资源，包括自然资源和文化资源。然而，我们发现，不少城市为了发展旅游经济，自然资源是上天的恩赐，很难造假，就从文化资源入手，没有相应的历史文化资源，就自己编造一段历史传说，通过兴建假古镇、编造假故事来打造城市旅游。不少当地人惊讶地发现自己的家乡突然就有了古镇，还建起了古镇风景区。由于时间和前期保护的关系，中国的古镇按理说应该越来越少，然而现实是我们的古镇在不断增加，几乎每一座城市都会有几个古镇。而全国的古镇基本同一模式、同一面貌，特别是许多没有任何特色的假古镇，刚开始靠大力宣传吸引了游客，但却很难真正地留住游客，很多假古镇沦为空古镇。成都耗资20亿元新建的龙潭水乡古镇，是一座仿苏式园林风格古镇，曾经被誉为"成都清明上河图""成都周庄"，试营业期间三天就吸引了超过13万的游客，然而，由于交通不便和缺乏文化内涵，游客人数骤减，开业不到四年，商家几乎全部关门，完全沦为一座"空城"。假古董既不代表现代文化，也不代表古代文化，古镇的灵魂在于文化，靠编故事凭空建造的古镇是对文化的亵渎。

## 二、城市规划的随意性

当然，城市规划不是一劳永逸的，随着城市的不断更新，城市规划应该是一个动态的调整过程。但在城市发展的过程中，唯GDP和唯政绩的现象仍然较为严重。具体到城市规划中，就出现了规划的随意性，朝令夕改。在城市建设中，城市规划经常被改动和调整，大到整个城市的宏观规划，小到一个广场、一个社区街道的分规划，表现出很强的随意性。表现在建设项目任意选址定点，随意更改确定的建筑密度和层数，甚至随意改建已经明确的需要保护的地段和建筑。

### 1. 规划的无序

规划的随意性更改带来了城市建设的无序和混乱，笔者在调研和走访的过程中发现，很多城市各类型区域星罗棋布，仿古建筑、欧洲风格建筑、现代建筑甚至后现代风格的建筑形式交织出现，唯独很难找到体现这个城市本身特色的部分，去过一座城却没能留下这座城的任何记忆。一个城市的文化和历史并不是通过建造一片仿古建筑就能体现的，即便仿古建筑的出现也需要同周围环境的协调统一。大到整个城市的宏观规划，小至城市的户外广告和店面招牌同样表现出规划的无序性，从形式和内容上来看，各种造型、风格并存，大小参差不齐；从色彩上来看，五花八门，眼花缭乱。尽管目前国内各大城市相关职能部门出台了一系列政策，对户外广告规划和店面招牌做了一定的要求，但对于户外广告的整体性和艺术性，特别是规格和色彩等方面明显缺乏考虑。户外广告由于缺乏全面详细的规划和要求，对于某些特定的文化区域独有的氛围往往会造成一定的影响和破坏。总之，由于城市缺乏统一的规划和城市形象的塑造，从而导致城市的杂乱无章和缺乏特色。

另一方面，城市规划缺乏长期意识和全局观念，呈现出碎片化状态。特别在改造老城区的过程中，急功近利的思想尤为严重，盲目追求"一年一小变，三年一大变"，"补丁化"现象较为严重，很难与周围的建筑和环境融为一体，变得各自为政、不伦不类。这种现象是当前国内大多数城市普遍存在的问题，一个城市的规划和建设是一个动态的发展过程，应该从过去寻找源头，立足当下，放眼未来，找准自己的定位，体现城市的特色，彰显城市的不同文化。

### 2. 政绩规划

政绩规划在中国城市规划中是一个比较突出的问题，在一些城市，政府希望在短时间内改变城市的形象，因此也就不难理解为什么会有那么多城市热衷于"形象工程"。然而，行政领导的意志跟城市的发展容易发生偏差，往往导致城市规划和城市建设缺乏可持续性。例如，一些地方热衷建城市"地标"，于是很多求异求怪的建筑纷纷登场，甚至还有不少"丑怪建筑"成为城市的"地标"。"短命建筑""烂尾建筑"不断被媒体曝出，一些公共建筑拆了建、建了拆，造成极大浪费。

## 三、城市规划缺乏保护意识

城市规划不仅仅是对城市未来的规划，还应着眼于城市的过去和现在，脱离了城市历史和现实的规划是城市虚无主义。在保护基础上的规划才是负责任的规划，是彰显城市文化和特色的重要手段。改革开放后，城市建设速度大大加快，随着许多城市新区开发的潜力越来越小，进而转为对老城区的改造。老城区是城市历史文化的聚集地，也是城市经济利益的争夺地。在旧城改造和房地产开发中，由于决策者追求经济利益和短期政绩，在城市规划中有意无意地忽略了对城市历史文物和城市环境的保护。

## 1. 文化遗产未得到有效保护

中国城市在几十年的快速发展过程中，城市规划缺乏保护意识，以"利益"为主导的城市发展理念导致大量历史文物遭到破坏，导致了城市的"千城一面"和"特色危机"。吴良镛院士曾对这种破坏历史文化遗产的做法作了个生动比喻："如此无视历史文化名城的价值，只把其当'地皮'使用，无异于拿传世字画作纸浆，将商周的铜器当废铜！"[1]截至目前，国务院公布了134座国家历史文化名城，全国划定历史文化街区895片，确定历史建筑3.68万处。然而，有些历史文化名城已经很难找到成片的历史街区，全国历史文化名城保护专家委员会前主任委员周干峙院士曾感慨："我们这个泱泱之古国，拿出来的东西不多，已经没有一个比较大的城市有资格进入世界文化遗产，除了丽江、平遥之外，再找一个城市都很困难，这是一件十分可悲的事。"[2]许多历史文化遗产和历史文化名城的古老空间特色和文化环境遭到破坏，有的已不复存在。季羡林说："什么是爱国主义，这不是一个空泛的概念，你要成为一个爱国主义者，首先要爱你的家、爱你的城！你必须懂得文化遗产对一个国家、对一个民族所产生的巨大凝聚力！"[3]从城市规划的角度来看，文化遗产是城市精神的载体，也是民族精神的体现，对城市历史古建筑和街区的保护就是保护了城市的未来和生命。

## 2. 城市生态环境遭到破坏

城市发展过程中，不仅人文历史环境遭到了破坏，不少城市同样破坏了原有的自然生态系统。不同的城市由于不同的地形地貌，其规划应有所不同，然而，以经济发展为导向的城市规划和城市建设，往往盲目地采用"三通一平"的建设方式，遇山开山，遇河填河，不尊重原有的自然环境，对城市的生态系统造成了极大的破坏。另外，城市生态遭到破坏所导致的路面过度硬化也带来了一系列问题，严重困扰着人们的日常生活。水泥、

---

[1] 朱铁臻. 城市现代化研究[M]. 北京：红旗出版社，2002：379.

[2] 周干峙. 历史文化名城向何处去？[N]. 人民日报，2000-11-4.

[3] 王军，冯瑛冰. 历史文化名城保护忧思录[N]. 光明日报，2000-8-24.

柏油和大理石等非透水性材质铺设地面，阻碍雨水直接流入地下，使得城市洪涝现象频发；路面硬化使得地面吸收热量困难，加剧城市热辐射，使城市热岛效应进一步加大。由于城市规划和建设的不合理，使得城市环境自净能力大为降低。城市的可持续发展应该做到经济、社会、生态三元互动，城市是生态文明的重要载体，生态文明需要生态环境作为生命支撑。因此，城市规划必须尊重生态环境，凸显以人为本，为每个市民的需求服务，为城市的可持续发展负责，成为每个市民的精神归宿，才能真正做到城市的永续发展。

# 第四节　城市管理的滞后

如果说科学、合理、有地域特色的城市规划是城市建设的指南针，那么城市的管理则是城市建设的助推器，同样可以彰显城市的外界形象和品质。建设好一座城市不容易，管理好一座城市更难，所谓"三分建设，七分管理"。随着城市化进程的持续推进，城市扩张带来的问题不断凸显，这就要求城市管理必须跟上城市发展的步伐，更好地为城市建设服务。然而，就目前中国城市管理的现状来看还不尽如人意，明显存在着诸如管理无序和执法混乱等诸多问题。2015 年 12 月，中共中央、国务院印发了《关于深入推进城市执法体制改革 改进城市管理工作的指导意见》｛［中发］（2015）37 号文件｝，全面分析了当前城市管理执法体制存在的问题，明确了改革思路和要求，文件指出："与新型城镇化发展要求和人民群众生产生活需要相比，我国多数地区在城市市政管理、交通运行、人居环境、应急处置、公共秩序等方面仍有较大差距，城市管理执法工作还存在管理体制不顺、职责边界不清、法律法规不健全、管理方式简单、服务意识不强、执法行为粗放等问题，社会各界反映较为强烈，在一定程度上制约了城市健康发展和新型城镇化的顺利推进。"从某种意义上来说，城市管理的诸多问题不利于城市形象的建构，城市视觉污染的普遍存在和城市管理有着密切的关系。

## 一、城市管理制度不完善

城市的管理需要科学、合理的制度，制度的不断完善是解决改进城市管理工作的必要手段和重要前提。"国内外城市管理的实践都证明，城市管理必须依靠法治，不能搞人治。城市的各项管理工作、管理机构、管理方法等都要按一定的制度、法规、程序进行，要依法治市。城市管理的一切活动要纳入法制化轨道，要从根本上消除管理者无章可依、个人说了算的弊端。城市管理法制化，是实现城市现代化的不可或缺的要求。"❶在城市视觉污染的管理和整治中，相关制度和法律法规的缺失和不完善导致了管理上无法可依、无规可循。

### 1. 审批制度不完善

完善管理制度，首先从规划和审批入手。对于城市形象而言，实施前的审批环节尤为重要，可以有效地、最大限度地从源头上杜绝影响城市市容市貌和导致视觉污染的污染源进入城市。经过近四十年的发展，城市管理方面的各项规章制度陆续出台并不断完善，但在诸如城市户外广告、城市公共艺术、城市色彩、城市灯光照明等各领域的审批报备制度还不够完善，导致了城市视觉乱象的普遍存在。

以城市户外广告为例，一般城市户外广告审批的受理机构属于城市工商行政管理局，其审查的内容主要偏向于户外广告是否依据广告设置相关规划以及技术规范，主要包括设置的位置、大小、材料等方面的要求，但对广告的设计内容、广告的色彩是否与周围环境协调等并未有明确的审查，或者说审查不严。目前，根据国务院的统一要求，只有大型户外广告需要办理行政审批手续，而其他广告设施、门店招牌以及指示牌等取消了户外广告登记的审批制，很多城市现在要求报市容环卫主管部门备案，强调事中事后的监督。然而，通过对很多城市的实地考察发现，本来国家是为了进一步推动简政放权、放管结合，取消了户外广告登记的审批制，希望通过事中事后的监督来管理城市户外广告的设置，但由于事中事后监督的不到位导致户外广告的乱象丛生，视觉污染严重。

### 2. 法律法规不完善

从国家层面到各省、市都出台了一系列的法律法规来维护城市形象，比如《中华人民共和国环境保护法》《中华人民共和国广告法》《城市市容与环境卫生管理条例》《城市雕塑建设管理办法》《广告管理条例》等国家层面的有关法律法规，具体到每一个省市，也都出台了相应的管理条例。但仍然存在相关法律法规不健全的问题，比如，对于城市公共艺术而

---

❶ 朱铁臻. 城市现代化研究[M]. 北京：红旗出版社，2002：641.

言，尽管已经有了二三十年的发展，目前从国家层面还未形成体系化的规划与规定，只有对城市雕塑和城市壁画方面有一些相关规定，如《城市雕塑建设管理办法》（1993 年 9 月 14 日文化部、建设部发布）及城市规划中有关艺术管理方面的只言片语。直到最近，有个别城市在探索出台了相关城市公共艺术方面的相关规定，广州于 2019 年 9 月 27 日出台了《广州市促进城市公共艺术建设发展暂行办法》，是全国首个关于城市公共艺术建设专项规范性文件。

由于关于城市管理特别是与塑造城市形象直接相关的法律法规还不健全、不完善，分散化和碎片化的相关规定已无法满足城市管理的实际需要，对于城市形象建构中出现的新情况、新问题很难找到相关依据进行管理，也给执法带来一定的困难。因此，正是由于相关法律法规的不完善，导致了城市色彩混乱、公共艺术粗制滥造、城市照明泛滥等严重影响城市形象的问题大量存在。

## 二、城市管理机构未形成合力

从 1997 年开始，中国第一个城市管理综合执法机构在北京市宣武区成立，自此，中国的城市管理拉开了大幕，各个城市纷纷进行城市管理执法改革。经过二十余年的发展，对于改善城市环境、提高人们生活水平做出了一定的贡献，为中国的城市建设起到了积极的推动作用。但从目前来看，城市管理依然存在诸多问题，阻碍了城市形象的建构和城市化进程的顺利推进。"长期以来，城市管理综合执法机构在中央层面没有明确的主管部门，既缺乏宏观层面的业务指导，也无法建立科学合理的监督检查和考核评价机制，给城市管理执法工作的统一、规范、协调带来很大困难。"❶中国城市管理涉及的部门较多，如何协调好各部门之间的关系，形成合力，才能更好地促进城市规范管理。

### 1. 管理机构设置不规范

对于城市管理而言，中国城市目前城管执法机构设置还不健全、不规范，特别在一些中小城市，其设置更是五花八门，"有的将城市管理机构与执法机构合设，城市综合执法局与城市管理委员会、城市管理办公室等机构合署办公。"❷比如，在江苏省，绝大多数城市设置城市管理局，挂综

---

❶ 马怀德. 城市管理执法体制问题与改革重点[J]. 行政管理改革，2016（05）：24-30.
❷ 王满传，孙文营，安森东. 地方城市管理执法机构存在的问题和改革建议[J]. 中国行政管理，2017（02）：143-145.

合行政执法局的牌子。把城市管理和综合执法机构合设，可称为"大城管"体制。但也有例外，江阴市在城市综合管理局挂综合行政执法局牌子；苏州市姑苏区在城市管理委员会挂综合行政执法局牌子；常州市新北区在住房和城乡建设局挂城市管理综合行政执法局牌子，等等。不仅是城管执法机构设置不规范和不统一，各地城管执法机构的名称也不尽相同。"由国务院直接批复设置机构的82个城市中，城管执法机构的名称就有8类；在河北省，没有两个地市的城管执法机构的名称是相同的。"❶因此，尽管近几年来各个城市对城市管理机构进行深化改革，从之前的城市管理行政执法向现在的综合行政执法转变，但仍然存在着管理机构设置不规范等现象。

### 2. 城市联合管理职责不清

近年来，在政府深化机构改革中，各地陆续设立了城市综合行政执法部门，但各地的城市管理仍然保持着多部门联合管理的现状，造成职责交叉和多头执法频发，甚至出现重复执法、相互推诿、无人负责等现象。"从目前各地城市管理综合执法的实践情况来看，城市管理综合执法机关的职权范围普遍没有得到科学、合理的界定和细化，城市管理综合执法部门与原职能部门在职权分割上存在着大量的灰色地带。"❷正是由于城市联合管理所出现的职责不明等问题，致使在城市户外广告、城市公共艺术等代表城市形象领域的管理出现较为混乱的局面。

以江苏省徐州市为例，户外广告和店面招牌管理的混乱主要是由于多部门联合管理而导致权力分散和责权不明。徐州市户外广告和店面招牌的管理涉及规划、工商、城管、市政、文化和公安等多个部门，由于不同管理部门的依据和标准不统一，还未能建立较好的联合管理和执法机制，因此，这些部门大都从自己的角度出发，往往容易出现责任推诿、权力滥用等现象，从而导致疏于对户外广告和店面招牌的监管。《江苏省城镇户外广告和店招标牌设施设置标准》中规定"大量车流集散的公共建筑出入口外两侧各5米范围内不应设置户外广告"，但通过实地考察发现，这一规定形同虚设，并没有得到较好的执行；《江苏省城镇户外广告和店招标牌设施设置标准》还规定："店招、标牌内容应当与单位工商注册名称相符，不得含有经营服务内容、电话号码、产品（画面）推广宣传等广告信息"，

---

❶ 王满传，孙文营，安森东. 地方城市管理执法机构存在的问题和改革建议[J]. 中国行政管理，2017（02）：143-145.

❷ 马怀德. 城市管理执法体制问题与改革重点[J]. 行政管理改革，2016（05）：24-30.

但现实中每个城市的店招、标牌都有很多包含与经营服务相关的内容等信息。因此，从某种意义来说，对于城市视觉形象的管理尽管已经有了相应的规章制度，但是缺乏执法和管理力度，这和多部门联合管理所导致的职责不清有一定的关系。"户外广告置于公共环境中，如果没有有效地规范管理，注定会因为自由、公用、不受限等要求而造成所有人的视觉污染，破坏城市形象，最终会失去其本身存在的意义，或因过度混乱而被统统取缔。"❶

## 三、城市管理简单化

城市管理既是一门科学，也是一门艺术。在现代城市管理中，由于相关法律法规的相关规定过于刻板，出现了简单化的"一刀切"管理思维。随着城市的不断发展，政府对城市形象的塑造越来越重视，而与之相关的城市色彩、户外广告、店面招牌、公共艺术等由于跟艺术和审美密切相关，"一刀切"的管理方式往往会扼杀其特色和个性，因此，在城市管理的过程中，应采取分类指导、分类管理的个性化管理方式。

### 1. 管理方式简单

在传统的城市管理和执法过程中，由于少数管理人员的管理方式简单、执法粗暴等问题的存在，影响了"城管"在大众心目中的形象，导致"城管"口碑欠佳。当然，这一问题的出现跟部分城市管理人员的自身素质和执法水平有一定的关系，也与管理思维和管理能力密切相关。重处罚轻教育、重执法轻疏导的僵化管理思维仍然存在，这种"以执法代管理"的简单化管理方式既有悖于市民的基本诉求和社会的实际需要，也不符合城市建设发展的客观规律。

以当前城市普遍存在的形式各异的户外广告和店面招牌为例，许多城市对于违规户外广告和店面招牌的管理简单粗暴，"以拆代管"，引起了广告投放者的极大不满，往往容易导致管理者和商家之间的矛盾。前两年各个城市集中拆除违规户外广告和店面招牌，本来是件好事，但是采取"一刀切"的方法，使城市具有活力和"烟火气"的户外广告和店面招牌变得千篇一律，使街道失去了个性，城市缺少了特色。对于户外广告和店面招牌而言，简单化和"一刀切"的管理方式既不符合城市建设和城市发展的客观规律，也违背了广告主和公众的实际需求。人性化和精细化管理是城

---

❶ 王卓. 城市户外广告规范管理研究——以杭州市萧山区为例[D]. 南昌：南昌大学，2018.

市发展的必然要求，也是户外广告和店面招牌向个性化、多样化发展的必然要求。

## 2. "以人为本"意识淡薄

城市管理的核心在人，人性化管理是城市现代化的必备条件。在传统的城市管理中，服务意识不强，重视物而忽视人，过于坚持执法思维，是导致城市管理矛盾激化、野蛮执法等问题频繁出现的重要原因。城市管理涉及到城市生活的方方面面，是一项系统性工程，单靠冰冷的规章制度和行政命令实行强制性的管理很难从根本上解决问题。城市是人的城市，城市管理是为人服务的，只有贯彻"以人为本"的管理理念才能提高市民的生活指数，才能真正实现诗意栖居的城市环境。比如，对于城市户外广告的乱象，城市管理者在监管和执法的过程中，"以人为本"的观念意识淡薄，缺乏与广告业主的有效沟通，而是通过粗暴的"拆"和"罚"的方式解决问题，引起广告业主的强烈不满，"这种过于强调单方命令服从的执法模式将执法者与相对人放入了完全对立的立场，容易激化矛盾，导致粗放、不文明的执法行为的出现，继而引发暴力抗法、群体性事件等一系列社会问题。"❶因此，城市管理中"以人为本"意识淡薄不但不利于问题的解决，还有损城市形象的塑造。

# 第五节　设计意识的不足

对于现代城市中随处可见的视觉污染而言，除了缺乏科学、合理的规划和相关职能部门的监管力度外，设计伦理意识明显不足也是导致视觉污染的又一重要原因。改革开放后，中国经济的飞速发展带来了商业规模和市场需求的不断扩大，而一些设计师水平和素质还很难适应社会需求。如果设计师欠缺公共社会责任感，就容易出现城市公共领域的视觉污染源，包括杂乱无章的户外广告、照明设计的无序、毫无美感的公共雕塑和色彩色调的滥用等。优秀的设计师应具有较强的社会担当意识，用自己的设计作品来美化我们生活的城市和环境。成熟社会的表现之一便在于通过有品质的基础设计和大众设计来塑造城市形象，引导人们的审美风尚。

---

❶ 马怀德. 城市管理执法体制问题与改革重点[J]. 行政管理改革，2016（05）：24-30.

## 一、利益主导的设计取向

　　城市设计是一项系统工程，大到整个城市的规划设计、一片街区，小至一块店面招牌、一个户外广告，都是城市形象的有机组成部分，也都需要设计师的介入和精心设计。如果设计师以利益为导向，就很少会认真考虑为大众设计和"以人为本"。

　　叔本华曾说，为金钱而写作，本质上是文学的堕落。同样，以金钱为出发点的设计，是对设计的亵渎。经济的快速发展是一把双刃剑，一方面极大地提高了人们的物质生活水平，另一方面也使人们的欲望越来越难以得到满足，很多设计师以追求经济利益作为设计的目的。设计师有时会为了利益向投资方妥协，设计出的作品更多反映的是投资方的审美和意志，把吸引眼球、刺激消费当成最重要的、甚至是唯一的设计理念，设计出的户外广告成为视觉污染。

　　为了追求短期政绩和形象工程，很多城市美其名曰与国际接轨，出现了全盘西化的城市规划、巴洛克风格的广场和柱廊以及欧美风建筑，"事实上出现在我们面前的大量城市雕塑、景观设计，体现的不是设计师自身良好的设计素养和对空间、文化、人的深层思考，而是以中标、获利为目的的对'长官意志'的精心揣摩。"❶随着近年来城市不断外扩，房地产业成为大多数城市的支柱产业，各地政府大量规划房地产开发，只求尽快卖房，不考虑城市的形象，因此，为了追求进度，设计师设计的一幢幢具有国际主义风格的建筑拔地而起，导致了全国范围内的"千城一面"现象。

## 二、设计伦理的缺失

　　设计是为"人"的设计，城市形象设计关乎人、关乎环境，为了生活在城市中的人实现诗意的栖居。美国设计伦理学者帕帕奈克在其著作《为真实的世界设计》一书中认为，"设计关注产品、工具、机械、人工制品和其他设施的发展，设计师的行为对于环境和生态具有非常重要和直接的影响。"❷然而，当下中国城市形象建构中出现的种种乱象和视觉污染跟设计师设计伦理的缺失密切相关，一个有责任感的设计师应该是不断地解决问题，而非制造问题。

---

❶ 张长征. 设计师的伦理自律[D]. 青岛：青岛大学，2006.
❷ 【美】维克多·帕帕奈克. 为真实的世界设计[M]. 周博 译. 北京：中信出版集团，2012.

### 1. 缺乏人文关怀

中国的城市建设经过多年的高速发展，设计师的地位和作用得到了明显的提升，越来越多的城市意识到设计对于城市建设的重要性。在此过程中，城市设计理论和实践有了明显的进步。但由于"长官意志"和"利益导向"的普遍存在，设计师在进行城市设计的过程中缺乏必要的人文关怀。比如，在城市道路的规划和设计中，往往以汽车行驶为导向，设计师把更多注意力放在交通功能的优化上，马路变得越来越宽，道路空间设计只考虑机动车通行的便捷和效率，留给行人的步行空间越来越小，忽略了行人的现实需求和心理需求，使道路的设计变得缺乏人情味。

在眼球经济时代，是否能吸引消费者的注意成了商家关注的焦点，也是很多设计师设计的出发点。城市空间中大量的户外广告设计缺乏起码的人文关怀，甚至刻意地通过大量丑陋和恶俗广告来吸引受众的眼球，不仅造成了城市视觉污染，还给人们的身心健康带来了危害。以城市雕塑为代表的公共艺术在中国的城市建设中同样缺乏人文关怀，大量雕塑存在尺寸过大、粗制滥造、缺乏地域文化性以及与环境不协调等问题。

### 2. 缺乏生态观

作为一名设计师，不管是在城市规划，还是在具体的城市设计过程中，都应该遵循生态设计和可持续发展城市设计理念。城市不只是当下的城市，更是未来的城市。在当下的城市规划和设计中，在追求高速经济发展的同时忽视生态环境的保护，以牺牲城市环境为代价换取暂时的经济发展。城市视觉污染变得日益严重，城市建筑的同质化、视觉图像的商业化和照明设计的无序化都跟设计师缺乏生态观念有着密切的联系。比如，在城市的照明设计中，由于设计师缺乏生态设计理念，导致照明与人、照明与自然、照明与环境的不协调，甚至破坏自然和环境的生态平衡，造成严重的视觉污染，危害着动植物的生态链。"有的城市规划者为了自己的政绩，违背城市建设客观规律，违背科学规律，一味追求高大，追求空旷，搞攀比，讲排场，大造人工景观，破坏历史文化遗迹，任意砍伐树木，无情地推平、填埋、覆盖或堵截自然形成的山川湖泊、河流溪涧；破坏或浪费城市珍贵的土地、森林等自然资源，等等，使城市遭受无法弥补的损失。"❶这一现象的存在尽管反映了城市规划者的"长官意志"，但也跟规划设计师在规

---

❶ 许小主. 新型城市化过程中城市规划的伦理缺失[J]. 湖南工业大学学报（社会科学版），2009（02）：93-96.

划过程中忽视环境的生态保护有一定的关系。

### 三、设计能力的不足

2017 年，波士顿咨询公司数据显示中国有 1700 万全职从事设计行业的设计师，这一数据不一定准确，但可以肯定的是，中国设计师群体是极其庞大的。尽管近些年越来越多的设计师不断崭露头角，设计出一些有影响的设计作品，在国际上获得设计大奖，但有些设计师的能力还是不足，不能满足社会需要。

对于设计师而言，技能决定下限，审美决定上限，因而，审美能力至关重要。设计师自身的审美能力和文化素质直接决定了设计作品的成败。按理讲，设计师一般都接受过系统的设计艺术教育，应该具有较好的审美能力。然而，中国设计的整体现状却让人不容乐观，设计师审美能力的缺失成了较为普遍的问题。受整体环境的影响和一直以来缺失的审美教育，中国大多数设计师仍然在下限的边缘徘徊，从城市中随处可见的导致视觉污染的设计作品就可见一斑。在城市的户外广告设计中，特别是一些宣传城市形象的公益海报，我们经常看到元素的随意挪用、拼凑，视觉美感差，这和设计师的审美能力有一定的关系。城市中不少媚俗、丑陋建筑和雕塑的存在同样反映出设计师和艺术家审美能力的缺失。

设计师设计能力的不足与当前的设计教育有着密切的关系。当然，中国设计教育存在的问题是多方面的，从培养目标到师资队伍，从课程设置到实践教学，都存在亟待解决的问题，其中，中国当前的设计教育与社会脱节问题尤为严重。尽管近几年越来越多的高校注重设计专业应用型人才的培养，大力推进产教融合，但现实却不容乐观，多流于形式，很难真正实施。随着中国制造向中国创造的转变，对设计的要求越来越高，一方面是设计人才的匮乏和紧缺，另一方面是设计专业毕业生找工作难，毕业生由于设计能力的不足，很难满足企业和社会的需求。另外，设计伦理教育是当前中国设计教育普遍缺乏的，我们需要培养设计师对地球的责任、对社会的责任、对居住环境的责任、对职业的责任、对客户的责任以及对自己的责任。可以说，城市视觉污染的广泛存在跟设计师的伦理责任有着密切的关系。

### 四、速成设计师的介入

有人说"人人都是设计师"的时代已经来临，有人说设计的门槛很低，然而，事实果真如此吗？当我们看到触目惊心的城市视觉污染时，我相信很多人都认为设计是重要的，也不是每个人都可以做的。即便是美国学者丽贝卡·哈根和金姆·戈洛姆比基所著的书籍《人人都是设计师》也是详细地讲解了设计的主要原则和规律，主要内容包括什么是设计、头脑风暴、设计的元素和原理、版式的 13 条规律以及字体、色彩、图形的运用规律等，因此，设计不仅关乎技术，还关乎艺术和审美。

曾几何时，在很多人的意识中，学设计就是学软件，于是乎，社会上出现了大量的设计培训机构，通过 2～3 个月的时间培训学员掌握一门软件，一个个"速成设计师"就此诞生了。这些"速成设计师"分布在我们城市的各个设计公司，城市里大量的户外广告和店面招牌基本出于他们之手，他们往往具备一定的技术，但缺乏创意思维和审美能力，而创意思维和审美能力恰恰是作为一名设计师最重要的素质。

比如，当前城市店面招牌设计中所存在的突出问题很大程度上是由于店面招牌设计并非由专业设计师直接主导设计和制作所完成的，很多店面招牌是仅仅会操作 Photoshop（PS）的工作人员根据商家要求进行简单的文字和图形的排版制作。这些制作人员并未受过专业的训练，缺乏必要的设计理念和审美能力，所制作的店面招牌只能通过简单的图文拼凑或者单一的文字来传达基本信息，店面招牌本身缺乏形式美感，更难体现特色和文化。对于城市景观雕塑而言，创作人员的设计制作水平参差不齐，甚至一些建筑包工头、美术爱好者等在利益的诱惑下也在到处承接各类城市景观雕塑业务，城市雕塑所应体现的城市文化内涵姑且不谈，雕塑的原创性和艺术性也很难保证，也就不难理解为何我们所生活的环境中有大量粗制滥造城市景观雕塑的存在。对于城市户外广告来说，其设计和制作过程同样大多以利益至上，设计人员水准鱼龙混杂，很多作品不但设计的基本内容没有创新性，还很少考虑空间环境因素。在当下城市中，户外广告对人们的视觉污染最为严重，随处可见的 LED 显示大屏，诸多光影图像不停地流动和变换，设计者更多通过刺激的色彩和放大的图像进行广告宣传来吸引公众的眼球，很少从城市环境和视觉美感的角度来设计作品，户外环境是构成广告传播的载体和场所，因此，除了考虑到信息传播和画面效果外，还必须考虑周边的环境。大量的城市景观雕塑和店面招牌、户外广告等不但没有起到装点城市的作用，反而增加了人们烦躁和郁闷的情绪，造成了一种严重的视觉污染。

# 第六节　公众参与的缺失

城市不仅为人们提供便利的物质环境，而且对人们的行为习惯和精神品质的形成有着潜移默化的影响。而生活在城市中的人同样在塑造着城市，人们的行为是城市形象的缩影，人们的素质是城市精神的外在体现。因此，一个城市的建设必须围绕城市所生活的人而展开，同样，要建设好一个城市也需要公众的积极参与。城市的发展归根结底是人的发展，城市的现代化是人的现代化。公众作为城市的主人，应是城市建设的主要参与者和监督者，对城市的健康发展起到极其重要的作用。然而，由于种种原因，中国当下城市的建设和发展欠缺了其中最重要的一个环节，即公众的深度参与。由于大多数公众城市意识有待提高，基本审美品质严重缺乏，用"熟视无睹"和"习以为常"来概括当前公众对于城市视觉污染的现状再形象不过了，公众参与的缺失而导致重视程度不够是城市视觉污染问题的另一个重要原因。

## 一、公众意识淡薄

尽管经过改革开放四十余年的发展，公众的参与意识有了一定程度的提高，但大多还是流于表面和形式。以家庭为中心的传统观念深入人心，使得人们对家之外的公共空间和公共问题显得漠不关心。一直以来，很多公众认为城市规划和建设是政府部门的事，自己一般不去获知情况或参与决策，甚至有很多公众每天生活在严重的视觉污染环境中而不自知。其实，让公众参与城市规划和监督，也是政府赋予公众行使民主权利的一种行为。

### 1. 参与意识不足

当下的城市视觉污染已遍布于城市的每一个角落，影响着每个人的日常生活，对人们的身心健康造成一定的影响。然而，受几千年传统观念的消极影响，个人意识和个人权利长期缺失，导致人们参与城市建设的意识缺失，无形之中形成了公众"与我无关"的潜在意识，习惯性地表现出事不关己的冷漠态度。也正是由于公众参与意识的明显不足使得城市视觉污染恶性循环，变得越发严重。我们知道，视觉污染由于具有广泛性和直接性的特征，每一个生活在城市里的人都很难逃脱视觉污染的困扰，因此，公众的参与意识就变得尤为重要。

尽管每一位市民都希望自己所生活的城市具有良好的视觉环境，但受从众心理和"随大流"观念的影响，绝大多数市民缺乏主动参与城市视觉污染治理的意识，加之城市视觉污染管理的混乱和宣传工作的缺失，进一步加大了公众对视觉污染的漠视。城市正是由于人的参与才彰显魅力，柳宗元说的"美不自美，因人而彰"正是这个道理，离开了人所关注的城市建设与文化创新，再美的城市外观也不可能产生真正的城市美感。城市形象的塑造需要全体市民的积极参与和审美品质的提高。然而，中国民众目前对视觉污染危害的严重性还认识不够，对视觉污染基本上是听之任之、处之泰然。市民是城市的主人，我们有责任和义务维护好、塑造好我们所生活的城市。视觉污染关乎每一个人，只有我们广大市民积极抵制城市视觉污染，才能维护城市的美好形象，公众参与意识的提高对城市视觉污染能起到一定的抑制和阻止作用。

### 2. 责任意识不强

一座优秀的城市，不一定要有一流的建筑和景观，但市民应该具有对社会和城市发展的现代公民责任意识，大家有共同维护好城市形象的责任。很多市民责任意识不强，觉得自己只是普通人，管好自己的小家就行了，并未意识到城市的建设和城市形象的塑造与自己有着密切的关系，对破坏城市形象的视觉污染缺乏自觉监督。对城市环境的责任意识就是对城市环境的保护意识，即正确处理人与城市环境之间关系的意识。然而，在城市建设的过程中，受功利主义和利益至上思想观念的影响，人类以自我为中心，肆意破坏城市环境，掠夺城市资源，造成了城市环境的极大视觉污染。公众对于城市视觉污染责任意识不强主要表现在两个方面。一是对于身边司空见惯的视觉污染听之任之，并未起到很好的监督作用。二是城市公众中的一部分市民是城市视觉污染的制造者，城市中的大量户外广告和店铺招牌所产生的视觉污染跟商家有着直接的关系，他们既是视觉污染的生产者，也是视觉污染的受害者。城市是每一个人的城市，对于城市的种种破坏行为，每一个市民有责任去制止和抵制，只有这样，才能更好地维护城市形象，才能让我们所生活的城市更美好。

## 二、参与机制不完善

对于城市建设而言，公众参与的缺失还在于参与的机制不完善。尽管随着社会的发展，各级政府和相关职能部门越来越重视公众参与城市规划和建设，但从目前来看，我国城市的公众参与管理还处于起步阶段，并未形成良好的公众参与机制，很多城市的公众参与大多还流于形式，并未为公众的积极参与创造良好的制度条件。"在制度建设特别是民主程序存在先天不足和后天失调的状况下，既非政府不让公众参与，也非公众不想参与，而是规划制度方面公众参与的结构性缺陷不能为公众提供积极参与的有效支撑。没有公众的参与，规划的制定只能听凭资本的摆布，行政权力的滥用。"❶地方政府对于城市的规划和管理具有完全垄断性，管理权力高度集中。因此，很多城市出现的贪大求洋、建假古镇、城市地标脱离城市文化等一系列现象更多是资本和权力的产物，缺乏公众的参与和监督。

### 1. 公众参与的法律法规不健全

在城市规划和建设的过程中，由于相关法律法规对于公众参与权的立法还不健全，导致公众的积极参与缺乏法律的保障。一方面，近年来，各级政府从国家层面到地方对于公众参与城市建设和管理出台了一些相关政策，然而，"现存的有关公众参与城市治理的法律法规大多是基础性、政策性的宣示，仅仅是作出了原则性、方向性的规定，并未对公众参与的权利、地位及参与的方式、途径等做出具体阐释，公众参与的程序、具体范围、人员结构等亦不够规范明确，参与的保障及司法救济等方面的相关法律法规寥寥可数、近乎空白，对积极参与治理的城市志愿者的基本权利保障及服务管理体制方面缺乏具体配套制度的支持，使得公众参与城市治理时无所适从或是较为随意并缺乏稳定性，在逐步细化的过程中亦出现了实效性较弱的问题。"❷如果公众参与没有可操作的程序支持，所谓"参与"只能流于形式。正是由于有关公众参与的法律法规还不健全，使得公众参与城市治理的热情不高。另一方面，政府和相关职能部门对于公众参与城市建设和治理的重视程度较低，尽管 2019 年修正的《中华人民共和国城乡规划法》第二十六条规定：城乡规划报送审批前，组织编制机关应当依法将城乡规划草案予以公告，并采取论证会、听证会或者其他方式征求专家和公众的意见。然而，由于政府对于公众参与的不够重视，对于法律规定的公众参与往往通过有选择地征求意见，做表面文章，搞形式主义，公众参与成为制度要求下的摆设，不能影响政府的决策，使得公众参与面临着流于形式的境地。

### 2. 公众参与的渠道单一

公众参与城市建设和管理的渠道比较单一，很难发挥公众参与的积极性和有效性。目前我国公众参与城市管理的方式主要是通过听证会、座谈的形式保障公众的权利，而从实际结果来看，这些参与渠道只是一种名义

---

❶ 郭建，孙惠莲. 公众参与城市规划的伦理意蕴[J]. 城市规划，2007（07）：56-61.
❷ 张红. 我国城市治理中的公众参与问题研究[D]. 济南：山东师范大学，2016.

上的权利，这种形式更像相关部门履行程序合法的方式，公众的意见并未得到充分的表达和尊重，也很难影响最终的决策。"曾经有一些调查机构对听证的意义进行过一些调研，60%左右的人认为是形式主义，实际的存在意义不大，而20%左右的人认为只是政府在走一些过程，群众的意见是很难得到尊重和采纳的，仅有很少一部分人认为，我国现在的听证有一定的意义和效果。"❶对于城市视觉污染的治理来说，公众参与管理的途径有限，往往表现为自发、无组织、无秩序的参与为主，很难起到积极的效果。

在当前城市建设中，由于制度设计上的原因，公众直接参与城市规划和建设以及城市管理的途径是较为有限的，即便是各个城市已经建立了一些公民直接参与的制度化渠道，但是在很大程度上还是处于表面、流于形式，并未真正实现制度设计者的本来意图和真实目的。"在现实公共政策制定中，公民的知情权难以运用，参政权难以充分发挥，监督权难以落实，致使公民参与仅仅流于形式。而对于公共政策制定中的公民参与难以落实的情况，缺乏相应的奖惩机制，也使得公民参与成为一种形式。"❷公众参与的渠道已不能适应城市化的发展进程和人们对于城市治理的主观需求，政府部门必须从制度上进行制定和规范，积极拓展公众参与城市建设和管理的渠道，进一步提高公众参与管理城市的热情，让人们真正意识到自己是城市的主人，一同参与城市建设，使城市变得更美好。

---

❶ 贾献勇. 成都市城市管理中的公众参与研究[D]. 成都：中共四川省委党校，2017.
❷ 崔浩. 文明城市创建中的公众参与问题研究[D]. 苏州：苏州大学，2009.

# 第五章 中国城市视觉污染整治策略

中国经历了世界范围内规模最大的快速城市化进程，在这场史无前例的城市建设中，我们的城市发生了翻天覆地的变化，为人们带来现代化生活的同时也面临着诸多问题，城市视觉污染已经严重影响了城市形象的塑造和人们身心的健康，视觉污染的整治作为城市发展和更新的一个重要组成部分，已变得刻不容缓，需要我们进行深入的思考，更应该引起各个城市相关部门的重视。城市是人类文明的标志，人们为了生活得更好而聚集于城市，在芒福德看来，"我们必须使城市恢复母亲般的养育生命的功能，独立自主的活动，共生共栖的联合，这些很久以来都被遗忘或抑止了。因为城市应当是一个爱的器官，而城市最好的经济模式应是关怀人和陶冶人。"[1]在经济发展取得巨大成就的当下，人们的物质生活得到了极大的改善，我们应该更多地关注人们的精神生活，通过城市形象的改善和优化为人们提供诗意栖居的城市环境。

## 第一节　重塑城市文化

文化对于一个城市的意义是不言而喻的，可以毫不夸张地说，文化决定了城市发展的高度。由于中国在几十年的快速城市化的进程中忽略了城市自然环境和历史环境的保护，使得许多城市发展了经济，丢失了文化；拥有了高楼大厦和现代设施，却失去了城市的特色和灵魂，使生活在城市里的人缺乏认同感和归属感。因此，对于城市视觉污染的整治，首先需要从城市文化入手，重塑城市文化，使城市不只是功能的城市，更是精神的城市。

---

[1] 【美】刘易斯·芒福德. 城市发展史——起源、演变和前景[M]. 宋俊岭，倪文彦 译. 北京：中国建筑工业出版社，2005：586.

## 一、正确处理好经济、功能与文化的关系

改革开放以来，在城市的发展过程中，一切以经济发展为导向，"如果说工业化城市建设的核心目标是'经济'的话，未来城市建设的核心目标就可以说是'文化'。"❶重塑城市文化，首先要转变观念，确立文化与经济相互促进的发展理念，如果说 20 世纪经济的发展还依赖于资源，那么，21 世纪经济的发展只有依赖于文化。西方城市发展的历程也证明文化是经济发展的新增长极，中国城市未来经济的发展必须以文化为导向，立足于城市文化，走出一条文化与经济共融的发展道路。

### 1. 从"功能城市"到"文化城市"

1933 年，国际现代建筑协会第四次会议在雅典制定了城市规划的纲领性文件，即《雅典宪章》，提出了"功能城市"理念，指出城市规划的目的应该是使城市居住、工作、游憩和交通四大功能正常进行。然而，随着城市建设的不断发展，城市人口的不断膨胀，土地资源的逐渐紧缺，"功能城市"所重视的物质空间决定论割裂了城市的有机构成，过分追求物质和经济，忽略了人们的精神追求。在对《雅典宪章》深刻反思的背景下，1977 年，《马丘比丘宪章》宣扬社会文化论，强调文化对于城市的重要性，指出"追求文化、精神上的东西，即人与人、人与社会、人与自然的紧密结合，关注人文内容的表达和追求，使科学、技术、规划更加智能化和人性化，从城市发展史的角度看问题，突出文化在城市发展中的重要位置。"❷目前，中国城市的规划和建设大多数还处于"功能城市"的发展阶段，城市中出现的包括视觉污染在内的一系列问题与缺乏对城市文化的重视密切相关。美国学者 R•E•帕克认为，"城市是一种心理状态，是各种礼俗和传统构成的整体。换言之，城市绝非简单的物质现象和简单的人工构筑物。城市已同其居民们的各种重要活动紧密地联系在一起，它是自然的产物，尤其是人类属性的产物。"❸对于城市而言，功能固然重要，但一味地强调功能而忽视文化，只会导致越来越多的城市"千城一面"，因此，城市不仅具有功能，同样应该拥有文化；不仅要发展经济，更需要发展文化。

"文化城市"以文化作为城市定位和发展的核心，城市文化的形成是一

---

❶ 王中. 公共艺术概论[M]. 2 版. 北京：北京大学出版社，2014：17.

❷ 姚子刚. 城市复兴的文化创意策略[M]. 南京：东南大学出版社，2016：67.

❸ 陈慰，巫志南. 从功能城市到文化城市："欧洲文化之都"公共文化建设研究[J]. 山东大学学报（哲学社会科学版），2017（05）：72-83.

个长期积淀的过程，城市文化的重塑和建设同样是一个循序渐进的较为缓慢的过程，然而，中国当下仍有不少城市唯 GDP 是从，追求短期的利益和发展，文化建设并未得到应有的重视。"对于量大面广的城市化建设，如果我们较为自觉地把它看成一种文化建设，那么结果就可能成为人类文明的伟大创造；相反，如果失去文化的追求，则可能导致'大建设、大破坏'。在此意义上说，今天的城市文化建设直接关系中国的未来。"❶西方城市的实践也证明了"文化城市"是未来城市发展的方向。因此，从"功能城市"向"文化城市"的转变是我国未来城市发展的必然选择，城市不仅要为人们提供功能齐全、环境优美的生活环境，还需要成为人们情感的"精神家园"。

### 2. 以"文化产业"引领经济发展

近年来，随着信息技术和创意产业的大力发展，城市经济的发展从以工业为主向以文化产业为主转变。2017 年我国 GDP 为 12.89 万亿美元，其中第三产业占比 51.6%，文化产业占比 4.3%；而美国 GDP 为 19.4 万亿美元，其中第三产业占比达 80%，文化产业占比 25%。文化产业已经成了美国第一支柱产业，并且占全球文化产业产值的 40%以上。中国的文化产业和美国以及一些发达国家相比还有较大的差距，也说明中国文化产业发展的空间较大，未来中国城市的发展，文化产业变得越来越重要，将成为城市经济发展的领头羊。

中国文化产业发展较好的城市有北京、上海、深圳、杭州等，文化产业在 GDP 中的占比越来越高，并且带动城市的转型和经济的发展。深圳作为曾经的边陲小镇，之所以能一跃成为国际化大都市，跟国家的政策支持有关，跟自身的科技、经济发展有关，但同样不能忽略其重视文化产业的发展。深圳于 2008 年被联合国教科文组织授予"设计之都"的称号，是中国乃至亚洲首个获得设计之都的城市，深圳以创意产业带动城市的升级。深圳文化产业的快速发展得益于深圳具有一批著名的文化产业园区和文化产业发展平台，如深圳 F518 时尚创意园、华侨城创意文化园以及中国（深圳）国际文化产业博览交易会，均在国内外产生了很大的影响，为深圳的文化产业发展奠定了坚实的基础。2019 年，深圳的文化产业产值近 2700 亿元，占深圳 GDP 的 11%，已成为深圳经济发展的新增长极。

城市文化产业的核心在于城市文化。在我国城市建设过程中，不仅缺乏对传统文化的保护，同样缺少对新的城市文化的创造，使城市失去灵魂并逐渐空壳化。因此，各级政府必须意识到城市文化在城市发展中的重要

❶ 武廷海，鹿勤，卜华. 全球化时代苏州城市发展的文化思考[J]. 城市规划，2003（08）：61-63.

性，在保护传统城市文化的同时积极创造新的城市文化。在新的文化创造方面，深圳可以说是典范，作为改革开放前沿阵地的深圳，尽管历史较短，并没有丰富的传统文化资源，但在四十余年的发展过程中，深圳在不断创造新的城市文化，并在此基础上形成文化特色，以文化推动深圳经济的转型和发展。

### 3. 文化是未来城市发展的核心竞争力

"城市竞争力是指一个城市在发展过程中与其他城市相比所具有的吸引、争夺、拥有和转换资源，占领和控制市场及其创造价值和为居民提供福利的能力。"❶工业时代往往以经济发展衡量一个城市的竞争力，城市的经济竞争力一般是通过 GDP 的排名来展现，但随着中国城市化的不断深入，传统的工业已不能满足城市的发展需求，加之环境和资源的优势逐渐消失，越来越多的城市着眼于产业结构调整和经济发展转型。而城市文化作为城市最具特色的资源，与其他城市相比具有独特性，逐渐成为城市发展和参与竞争的驱动力。城市经济的持续发展需要城市文化的支撑，已经引起各国城市政府的重视。法国总统萨科齐曾明确表示："我希望文化是法国应对世界经济危机的方法。面临金融危机，法国仍然保持了对文化产业的高投入。"法国原文化部长朗歌也认为："文化是明天的经济。"正是由于对文化的高度重视，巴黎成了世界"文化之都"。巴黎的街头尽管没有其他大城市的摩天大楼，但历史建筑保存完好，到处洋溢着浓浓的艺术气息，几乎每一座楼房都加以修饰，路边的灯柱造型极具艺术性。仅有105 平方公里的巴黎，却拥有 134 座博物馆、141 个剧院、64 所市属公共图书馆，还有 300 多个艺术中心和文化中心。作为文化产业的一部分，每年巴黎的文化旅游业就占到城市 GDP 的 20%以上，极大地带动了当地经济的发展和文化的进一步繁荣。

结合中国城市当前的实际，大力发展文化创意产业是城市保持持续竞争力的有效途径。进入 21 世纪，在国家和地方政策的鼓励下，我国的文化产业进入快速发展时期，尽管各级政府逐渐认识到文化创意产业的重要性，但从目前来看，中国的文化创意产业还处于起步阶段，还存在诸如规模小、竞争力差、原创性不足、创意人才短缺以及文创产业园同质化等诸多问题。各个城市的文创产业理应由于其城市文化的差异而呈现出各自的特色，然而，中国大量文创产品出现了雷同化现象，这与创意不足和对地域文化不重视有很大的关系。中国城市文化产业的发展需要政府采取积极转变经济

---

❶ 杨霞. 城市文化产业与城市竞争力研究[J]. 兰州学刊，2011（06）：198-200.

发展方式，加大对文化产业的投入，根据城市文化进行合理布局，注重创意人才的培养等一系列措施，才能从根本上解决当下文化产业发展的瓶颈。发展文化创意产业的前提是对城市文化进行挖掘和定位，并在其基础上利用创意进行文化产品开发，积极打造文化品牌，不断提高城市竞争力。如果说当下城市之间的竞争是城市经济和功能之间的竞争，那么，未来城市的竞争必然是文化之间的竞争，城市的形象、品牌和创意是城市竞争的关键所在。因此，城市要在未来的发展中立于不败之地，最好的方式就是大力加强文化建设，发展文化产业，文化是未来城市发展的核心竞争力。

## 二、城市文化的保护与发展

每一座城市由于其地理位置、城市历史、自然环境、社会环境等差异而呈现出不同的城市文化，每一座城市都应该有自己特有的城市形象和气质。城市文化一方面外显于城市的建筑、景观、公共设施和城市色彩等物质的或有形的器物用品；另一方面内化于城市的习俗、价值观念、社会心理以及市民的生活方式等所营造的城市氛围。中国城市在近几十年快速发展的过程中，由于对文化的漠视，使得不少城市的文化几乎丧失殆尽，然而，未来城市的竞争是文化的竞争，我们需要重新审视文化对于城市的价值，对城市文化进行挖掘、保护和传承，重塑城市文化。

### 1. 城市文化的挖掘和认知

中国当前的很多城市之所以难觅城市的特色，主要是由于对城市文化不重视，并未对城市文化进行客观的、准确的定位。挖掘和认知城市文化是对城市进行准确定位的前提，作为一个有着五千年文明的古国，每一座城市都有着自己的地域特色和风俗习惯，我们需要深入挖掘城市文化，通过城市文化延续城市文脉，构建城市形象，促进城市发展。吴良镛教授指出："认知城市是第一步，这是我们美学分析的极为重要的一步。城市模式的提出是认知的结晶，不只是个别人的认知的结晶，而是综合归纳提高，从历史人物到今天多方面人认知的结晶。"[1]对城市的认知是研究城市文化的前提，需要深入的挖掘和科学的研究。

以江苏南通为例，著名建筑家吴良镛院士于 2002 年对南通博物苑进行重新设计时，他的团队详细研究了南通的近代史，对南通的近代文化进

---

[1] 吴良镛. 吴良镛学术文化随笔[M]. 北京：中国青年出版社，2001：223.

行深入的挖掘，为南通留下了"中国近代第一城"的赞誉。南通在城市建设中，通过对历史的挖掘和认知，"张謇"和"中国近代第一城"已成为南通城市文化的代表性符号。张謇在南通的城市规划中，特别重视教育事业和文化建设，使南通成了一座文化氛围浓郁的城市。张謇以个人的力量创建了中国第一座公共博物馆——南通博物苑，开启了中国文博事业的先河；他还开创了中国现代教育的多个"第一"：创办了中国第一所师范学校、中国第一所女子师范学校、中国第一所纺织专科学校、中国第一所水利学校、中国第一所盲哑学校、中国第一所戏曲学校、中国第一所刺绣学校。"南通是中国近代文明较早的落脚地之一，被国际友人称之为'中国的一个理想的文化城市'。"❶南通被称为"文博之城"，南通有各类博物馆28所，在中国的地级市中遥遥领先。包括南通博物苑在内的各类博物馆已成为南通市民历史记忆和精神家园的重要载体，是传递南通城市文化的重要场所。

然而，南通城市文化的挖掘同样经历了一个过程，在很长一段时间，南通的城市文化定位并不准确，缺乏对城市文化资源的挖掘和认知，即便在2002年吴良镛先生称赞南通为"中国近代第一城"时，而在南通本地，对于"第一城"的说法也普遍缺乏自信。因此，对于城市文化的挖掘和认知尤为重要，是进行城市文化定位的前提和关键。只有通过深入挖掘和准确认知各个城市的特色文化，才能真正体会文化的多元性，并在城市发展中不断发挥城市文化的特色，彰显城市的个性。

## 2. 城市文化的保护与传承

城市文化是在城市发展的过程中不断形成的，是城市自然条件、历史文化和人文精神的集中体现，每一座城市应有自己特有的城市文化。随着全球化和现代化的不断冲击，对城市文化的保护和传承是各个城市必须面对的问题，只有采取必要的措施对城市文化进行保护和传承，才能确保城市文脉的延续，也才能塑造独特的城市形象。

一方面，制定和完善相关法律制度，并严格执行法律制度，通过规章制度保护城市文化。在我国城市建设过程中，大量的古建筑和历史街区被毁被拆，使不少城市的历史文化几乎消失殆尽，需要通过法律的手段对包括城市古建筑和历史街区在内的城市历史文化进行有效的保护。通过制定和完善全国性及地方性的法律法规，设计城市文化保护和传承的顶层战略，制定城市文化的保护原则和破坏城市文化的法律责任。中国目前实施的《文

❶ 单霁翔. 城市文化特色重塑与文化城市建设（下）[J]. 北京规划建设，2008（01）：85-89.

物保护法》《城市规划法》《文物保护法实施条例》等各项法律法规对城市历史文物的保护作了一系列的规定，但要做到有法必依、执法必严、违法必究还需要不断努力。相关法律的执行要明确责任主体，避免行政的干扰，使法律真正落到实处，做到违法必究。用法律的手段有效避免对城市文化的破坏，包括对古建筑和历史街区的盲目翻新和修建，本着最大限度地保护历史真实性和最小限度地干预的原则，有效促进城市文化的保护和传承。

另一方面，采取政府主导，多元主体参与的方式保护和传承城市文化。我国城市的历史文化保护一直是由政府主导，但随着社会的不断发展，人们对文化的保护意识不断增强，民间组织和个人积极参与到城市文化的保护中去。比如，作为世界文化名城的巴黎，之所以对历史文物有着很好的保护和传承，与多元参与的保护方式是分不开的。"巴黎是一座有着很高文化品位的城市，巴黎的文物古建筑丰富多彩，现有历史文物古建筑3100多座，全部受到了严格的保护。除了政府专设的历史文化遗产保护机构外，民间还有 2000 多个文物保护组织。他们通过各种宣传活动唤起公众的关注，并形成公众舆论，促使各权力部门、开发商和市民群众自觉保护文物古迹，阻止盲目拆除旧建筑和建设与环境不协调的新建筑。"❶城市文化的保护和传承关系到城市的未来发展，需要政府、民间组织乃至市民的共同参与，不断增强文化保护意识，促进城市文化的保护和传承。

### 3. 城市文化的发展与彰显

城市文化既是历史的积淀，又呈现出现代的活力。在现代社会中，城市文化展现出强大的生命力，彰显着城市的形象和特色，推动着城市的更新和发展。

一座城市的魅力主要靠文化，有文化特色的城市，自然具有强大的吸引力。通过文化与旅游相结合，形成文旅互促，是发展城市文化的主要手段。城市是文化创新和交流的中心，城市文化与经济、旅游一体化发展趋势明显。通过对城市文化的研究和精准定位，塑造城市文化符号，树立城市品牌形象。文化与旅游结合不仅能促进经济和社会的发展，更能进一步彰显城市文化。纵观当下中国旅游业比较发达的城市，北京、西安、南京和杭州等无一例外都具有深厚的历史文化底蕴，具有鲜明的城市特色文化，城市文化和旅游已形成了良性的互动，相互促进，共同发展。

依托科技技术，大力发展文化产业是发展城市文化和彰显特色的重要

---

❶ 宫天文. 我国城市文化建设问题与对策研究[D]. 济南：山东大学，2010.

途径。文化产业已成为 21 世纪新兴支柱产业，将会是城市经济的新增长极。越来越多的城市开始重视文化产业，通过文化产业打造城市文化品牌，提升城市的软实力。通过文化与经济、文化与科技、文化与创意等方面的深度融合和创新发展，不断实现文化产业的升级。比如，甘肃敦煌莫高窟出于对石窟保护的目的，大量的石窟不对外开放，这也是被许多参观者吐槽最多的地方。然而，通过与科技相结合，结合传统文化资源和信息技术，敦煌研究院利用数字化处理技术，截至 2018 年，已完成了 140 个洞窟的360 度虚拟漫游全景节目制作，向人们呈现了洞窟的高清图像，很好地传播了敦煌石窟文化。因此，在保护好城市文化的基础上需要对传统文化加以发展和创新，使传统文化与现代文明更好地融为一体，共同促进城市的发展和文化的繁荣，塑造优雅而独特的城市形象。

## 三、城市审美文化的重构

城市视觉污染的普遍存在很大程度上在于审美文化的缺失，因此，重构审美文化迫在眉睫。城市审美文化具有整体性和复杂性，从城市的自然环境到人文环境，从物质到精神，从城市建筑到市民行为，都属于城市审美文化的范畴。中国传统审美文化和审美体系具有精英化的特征，呈现出较为纯粹的审美状态，往往对大众审美关注不够。而随着商品经济的不断发展，当代的审美文化呈现出商品化、娱乐化等特征，大众审美成为审美文化的主流。在这一背景下，大众审美更多地注重感官刺激和愉悦，审美文化中夹着实用功利的目的，缺失了真正的理性思考和情感体验，缺乏精神的追求和满足。尽管审美行为是一种个人行为，但它却要求一种公共性，是个体通过鉴赏和判断与审美对象产生共鸣，因此，审美又具有普遍的价值判断。

### 1. 审美教育的大众化

随着大众传媒的普遍化和日常生活的审美化，审美教育已经走向了普通大众。审美教育不仅仅只在学校和课堂，更在整个社会环境中，社会成了审美教育的大课堂。审美教育的对象也不仅仅只是学生，还包括城市生活中的每一个人。审美教育的大众化是建立在大众文化流行基础之上的，"大众文化是在现代工业社会中产生的、与市场经济发展相适应的一种市民文化。它以大众传播媒介为载体、以城市大众为对象，按商品市场规律运作，旨在集中满足人们的感性娱乐需求。"❶大众文化的趣味直接决定了大

---

❶ 邹广文. 当代中国大众文化[J]. 清华大学学报（哲学社会科学版），2001（16）：46-55.

众审美的品位，当下大众文化还存在较为普遍的庸俗趣味，所带来的直接后果是大众审美错位、审美水平降低和人文精神失落。在传统社会，人们往往通过对高雅艺术的欣赏而获得审美体验和审美能力的提升；而在大众消费时代，人们完全可以从大众文化产品中直接获得审美的提升。比如，在城市的户外广告和公共设施中，在其设计、制作与加工过程中的每一个环节都应该带有审美的因素，当人们置身于具有美感的城市环境中，将对人们审美能力的提升起到潜移默化的影响。

在全球化背景下，以消费为主的大众文化使审美变成了感官的刺激，审美庸俗化和同质化现象严重。一方面，我们需要发挥精英文化和传统文化的审美优势，促进大众审美能力的提高。在城市建设中，设计师和艺术家应该强化自己的社会责任感和历史使命感，创作出具有较高审美价值和艺术品位的建筑、城市公共艺术、城市广告等作品，通过城市形象的审美品位对大众文化产生影响，继而提高大众的审美水平。另一方面，国家和政府需要从宏观上对文化生产进行调控，有导向地进行审美教育。自媒体时代由于生产、消费和传播发生了根本的改变，在高额利润的驱使下，大众传媒往往为了吸引眼球和提高点击率、收视率，不惜通过低俗的作品刺激和迎合大众的趣味，出现了大量庸俗、媚俗的作品，扭曲了大众的审美观，降低了大众的审美水平。因此，需要国家和政府进行调控和管理，净化文化市场，促进大众文化的有序繁荣。

### 2. 大众审美文化与精英审美文化的融合

在当代城市审美文化中，大众审美文化和精英审美文化的对立冲突日益凸显，大众审美文化已经成了城市审美文化的主流，但其表现形式却经常受到代表精英审美文化人士的批判。然而，大众审美文化的出现和发展虽然对精英审美文化形成了较大的冲击，但并不意味着二者水火不容，也不意味着可以相互取代。可以通过大众审美和精英审美的相互融合，共同促进城市审美文化的构建和发展。"事实上，精英美育的优势在于严肃的社会使命和清醒的文化导向，而大众美育的受众的广泛性和主动参与性又是精英美育所缺乏的，两种美育范式正好构成一种互补关系，可以以此为基础，寻求共同发展的途径。"❶也就是说，中国当下精英审美文化所表现出来的曲高和寡已不适应普通大众的审美要求，需要通过通俗的、大众喜闻乐见的方式走向生活；而大众审美文化受市场的导向，往往停留在媚悦、

---

❶ 王汶成. 从精英美育到大众美育：两种美育范式的并存与共生[J]. 山东社会科学，2005（11）：53-57.

消闲、娱乐的低层次上，需要通过精英审美文化的导向功能，不断融合精英审美文化的品位。

因此，城市审美文化的建构需要将精英文化中具有较高品位的人文精神内涵与大众文化中最具生命活力的表现方式进行有机融合，使人们的审美能力不断得到提高，适应社会发展的需要。其实，在人类漫长的历史长河中，以精英为主的审美文化正是通过不断汲取大众文化中的养分来丰富和充实自己的。我们有理由相信，通过加强两种审美文化之间的交流与沟通，取长补短，可以找到一条适合当下社会发展的审美之路。

### 3. 城市审美的救赎

审美救赎的思想是现代工业文明的产物。现代城市的发展在为人们带来丰富的物质生活和提供便利的同时，都市人面临着审美的危机和精神的压力。德国古典美学家席勒认为：只有审美才是人实现精神解放的唯一出路。海德格尔也将解决"都市病"的希望寄托于审美，提出了"诗意的栖居"，他认为："唯有诗化，才能度测栖居之维向，因之诗化是真正的筑居。诗化使人之栖居第一次进入了自己的本质。诗化乃是真正地使栖居为栖居者。"❶在海德格尔看来，人的存在应该是诗意的，而不是技术的。在这个物欲横流而审美贫乏的时代，唯有通过人与自然的和谐共处，营造和谐、自由的审美化城市空间，创建一条城市审美救赎之道。

在几千年的中国发展历史中，"诗意栖居"一直就是人们孜孜不断的追求，这一思想在中国古代文人的山水画和山水诗中随处可见，中国的古典园林可以说是对"诗意栖居"的生动表达。尽管在快速发展的城市化过程中，生态环境的破坏和城市审美的缺失让我们离"诗意栖居"的人居环境越来越远，但令人可喜的是，随着城市化的不断深入，越来越多的城市逐渐改变一味追求经济发展的模式，城市建设也不再盲目追求钢筋水泥的都市丛林，开始关注城市文化的建构和城市形象的塑造。花园城市、生态城市、田园城市、海绵城市等已成了越来越多城市的追求，为人们创造"诗意栖居"的审美环境，使城市真正成为心灵寄托的场所，成为人们精神的家园。

## 四、城市文化的定位

文化是城市的灵魂，是城市发展的不竭动力。"人们越来越强烈地认

---

❶ 刘小枫. 人类困境中的审美精神——哲人、诗人论美文选[M]. 北京：东方出版中心，1996：572.

识到在全球化和信息化的时代，文化将超越于政治和经济成为国家、地域和城市间竞争的最有力武器。"❶每一座城市在自身的发展过程中都形成了独特的历史文化和现代文化，城市文化的定位不仅是对城市历史的梳理和总结，是对城市现在的客观认识，更是关系到城市未来的发展。城市文化涉及到城市的方方面面，不仅包括城市的物质文化、制度文化，还包括城市的精神文化，具有丰富性和复杂性特征。城市文化的丰富性和复杂性给城市文化的准确定位带来了一定的难度，不同的城市可以有不同的文化定位，而准确的城市文化定位可以鲜活城市形象，找到城市与其他城市的文化差异，通过文化定位彰显城市的个性和魅力。

## 1. 城市文化定位的原则

城市文化的定位首先需要遵循客观性原则。每个城市由于其地形地貌、历史文化等差异具有不同于其他城市的特征，在城市文化定位时需要深入地挖掘和研究城市的自然资源、历史资源和当前城市发展状况，立足于城市的实际进行准确的文化定位。

其次，城市文化定位应遵循独特性原则。建筑大师贝聿铭曾说："每一个城市都有自己的历史和文化，因而也有自己的个性和特色。"城市文化定位应该提炼城市中最具有特色的、区别于其他城市的文化，它可能来源于城市的地理环境和人文环境，可能来源于城市的风俗习惯和思想风貌，也可能来源于城市当前发展所形成的城市特色。

再次，城市文化定位应遵循情感性原则。城市是人生活的精神家园，城市的文化定位需要充分考虑人的心理情感，准确的文化定位可以给人们以归属感、认同性和自豪感。中国人自古以来就有强烈的家国情怀和乡土情结，每个人对于自己所生活的城市有一定的情感依赖，而情感依赖的根本源于文化和记忆，因此，只有找准与人们情感相通的城市文化，才能准确地对城市文化进行定位。

最后，城市文化定位还应该遵循前瞻性原则。城市文化是传统文化与现代文化的结合，城市文化定位不仅要立足城市的过去和现在，还要着眼于城市的未来发展。在城市文化定位时需要充分考虑主流文化和前沿文化，把传统文化与主流文化相结合，把传统文化与先进文化相结合，提炼出既有传承性又有前瞻性的文化因子，使文化定位成为连接城市历史、现在和未来的桥梁。

---

❶ 张鸿雁. 城市·空间·人际——中外城市社会发展比较研究[M]. 南京：东南大学出版社，2003：14.

## 2. 城市文化定位对塑造城市形象的影响

科学、准确的城市文化定位决定着城市文化发展的方向，能形成鲜明的个性特点和理想的文化品位，更好地塑造城市形象。比如，西安把城市文化定位为"古都文化"，符合城市的文化风格和文化品位。作为有三千年建城史和一千多年建都史的西安，是曾与雅典、罗马齐名的世界人文之都，具有深厚的历史文化内涵和丰富的历史文化资源，在中国乃至世界都城史中都具有不可替代的地位。因此，西安在城市建设和城市形象塑造中，立足于"古都文化"，依靠文化资源和历史遗产，打造具有鲜明城市特色的文化名城。

科学、准确的城市文化定位能更好地传播城市形象。城市文化是城市形象最富有吸引力的特质，城市文化定位能使人们对城市有更准确的理解和认识，增强市民的凝聚力，提升市民的自豪感，吸引国内外游客对城市的兴趣和向往，进而更好地传播城市形象，展现城市文化无穷的魅力。比如，衡阳市将城市文化定位为独特的"火文化"，通过"火文化"融合衡阳的大雁文化、书院文化、船山文化和抗日文化。火神祝融的驻地、封地、墓地和纪念地都在衡山，南岳衡山的祝融峰是中国民间唯一自发祭祀火神的地方，千百年来，为了表达对祝融的尊敬和崇拜，无数百姓自发前往衡山祭祀火神。衡阳的"火灯节"已有六百余年的历史，每年农历二月初七，"火灯节"如期举行，大街小巷灯火辉煌、热闹非凡，吸引了大量游客前来观赏。"火文化"已经成为衡阳的名片，能彰显衡阳悠久的历史文化底蕴，赋予了衡阳与众不同的气质，很好地传播了衡阳的城市形象和特色文化。

# 第二节　科学的城市规划

城市规划是城市建设和管理的前提和依据，科学、合理的城市规划决定了城市的发展方向。随着社会的发展和城市化进程的不断深入，传统的以经济发展和功能为主的城市规划理念已不能适应城市的发展和人们对城市生活的要求。以文化为导向，以生活在城市中人的精神需求为落脚点的城市规划理念越来越成为现代城市规划的选择。城市在不断地变化和发展，随着人们对于自然环境和人文环境的认识不断增强，城市规划理念也应该是一个开放性体系，同样处于一个不断发展、不断更新、不断完善的成长过程。在当下的城市建设中，城市整体规划布局不合理、城市广告杂乱无章、城市色彩不协调、城市公共艺术缺乏美感、城市照明不科学等所导致的视觉污染现象跟城市规划的不科学、不合理有着密切的关系。"'混乱无序'的视觉呈现，往往反映的是城市各系统间的运营缺乏总体的考量，这就是城市秩序失序的表现，也是城市规划短视的症状，或者说是'不协调秩序的冲突'。"❶因此，对于城市视觉污染而言，城市规划尤为重要，科学、合理的城市规划能有效从规划层面杜绝城市视觉污染的大量出现。

## 一、城市总体规划

城市总体规划是当地城市政府部门依据城市的自然环境、城市历史以及现状特点等对城市在一定时期内的国民经济和社会发展进行布局和规划，对城市的发展目标、发展规模、土地使用、空间布局等进行定位。城市总体规划内容主要包括：确定城市的性质和发展方向，估算城市未来一段时期的人口发展规模；对城市用地进行规划和功能分区；布置城市道路、交通系统以及主要交通枢纽的位置；对城市的主要广场、标志性公共建筑进行规划和布点；城市河湖水系的总体布局；城市公共设施的规划；城市园林绿地规划及环境治理；传统文化资源的保护以及旧城区的改造等。城市总体规划内容丰富，涉及面广，下面将对由于城市总体规划未充分考虑城市美学原则所导致的城市视觉污染进行论述。

### 1. 城市总体规划的美学原则

城市总体规划应遵循美学原则。城市规划不仅是一门科学，也是一门艺术，应按照美的规律和原则合理规划和布局城市，体现城市的整体美，给人们以美的视觉感受和心理感受，避免城市视觉污染的出现。

城市规则必须立足于城市文化，文化是城市的根本。只有立足于城市文化，才不会出现"千城一面"，才能塑造不同的城市形象和体现城市的特色。在城市规划中，新建筑和老建筑并存，传统与现代并存是不可避免的。老建筑是城市的基因，承载了一个城市的历史文化，因此，要注重新老建筑的协调发展。比如，对于旧城改造而言，应禁止大拆大建，坚决杜绝拆掉真古董，重建假古董。城市规划强调对历史文物的保护，在保护好城市中给人们留下城市记忆的历史建筑、文化街区、名胜古迹等基础上，同时注重改造中新建建筑的协调性，使环境呈现出整体之美、和谐之美。

在城市规划中，从城市的体量到城市道路、广场和建筑等都应该注重

---

❶ 马泉. 城市视觉重构——宏观视野下的户外广告规划[M]. 北京：人民美术出版社，2012：226.

尺度恰当。大城市、宽马路、大广场和高建筑是当下中国城市的标配，而从人的视觉心理来看，尺度合适的广场、建筑和空间更符合人们的心理需要和情感寄托。比如，对于中小城市而言，城市广场是人们户外活动和交流的主要场所，是城市的凝聚点与信息集散中心，其直径不宜太大，一般以广场两边的人能看清对方为宜，尺度适宜的城市广场能缓解人们的精神压力，使人们心情放松，给人们视觉上、心理上以美的享受。另外，城市建筑的体量和尺度应适度，注重与周围建筑的协调，过高和过大的建筑给人们心理上带来压迫感。

在城市规划中，城市的建筑应遵循有序而多样的审美原则。建筑是构成城市的重要组成部分，建筑美感往往就反映了城市美感。针对中国当前城市建筑无序的状况，在城市规划时，应注重有序而多样的布局原则。城市建筑的布局应该遵循层级化的设计原则，一般而言，城市的标志性建筑应该是体量较大的公共建筑，代表城市的中心，"是城市品格的典型代表，是建筑与城市同构关系中最突出的形式，体现在建筑上是形式和意象最完美的结合。因此设计中应着重强调标志性，应为城市提供视觉的焦点，将人们的注意力吸引并凝聚起来，形成强烈的向心感。"❶相对于体量最大的中心级的城市标志建筑，次层级一般是以城市的商业中心建筑和写字楼办公建筑为主，再往下就是以住宅为主的建筑，因此，在城市建筑规划中，遵循有序而多样的设计原则，能更好地体现城市建筑美感。另外，城市标志性建筑的规划和设计应立足于城市文化和特色，防止出现脱离环境的"丑怪建筑"和"异形建筑"。

### 2. 城市总体规划与城市更新

城市一直在不断的发展中，城市更新贯穿于城市发展的始终，因此，城市的总体规划应该充分考虑到城市面临的持续改进和更新，城市总体规划不应是传统的具体量化目标，而是规划城市的发展方向，应该结合城市更新理论与实践，体现出城市规划的开放性。20 世纪 90 年代，吴良镛教授就提出了城市有机更新理论，他认为从城市到建筑，从整体到局部，城市应该像生物体一样，是一个有机联系、和谐共处的整体。

经过 30 多年的快速发展，越来越多的城市由扩张型向内涵式发展转变，注重城市空间质量的提升。城市总体规划应该遵从城市内在的秩序和规律，顺应城市的肌理，采用适当规模和合理尺度，体现以人为本，在可持续发展的基础上探求城市的更新和发展。城市更新应注重历史的传承和

---

❶ 王非，梅洪元. 走向城市的高层建筑形象[J]. 哈尔滨建筑大学学报，2001（02）：105-109.

文脉的延续，用文化创意引领城市更新，随着新生代消费人群对精神消费和文化消费更加重视，越来越多的城市重视对城市文化的保护和开发，打造城市新的名片。比如，成都的宽窄巷子、上海的田子坊、北京的南锣鼓巷、南京 1912 街区等，"探索在延续历史文脉、保存建筑特色的同时，通过城市有机更新将历史文化街区建设成为集文化消费、休闲消费、体验消费于一体的风情街区。"❶在城市的更新中通过地域文化体现特色，塑造城市形象。

城市规划不仅只是规划城市的经济发展和规模大小，更应该立足于城市文化和生活在城市里的居民进行规划和更新；城市规划不仅以为人们提供丰富的物质生活为目的，还应该着眼于塑造美好的城市形象和诗意栖居的环境，给人们以精神的认同感和归属感。"真正决定一个城市现代性的主因，是该城市对个体的关怀，对自然的敬畏，对规律的有效利用，把生活放在首位，去除藩篱，成为一个可以自由徜徉与流转其中的人类生存空间，真正在视觉心理上传播出来的自信与包容，才是真正的悦目与赏心。"❷因此，城市规划与城市更新应充分考虑城市的可持续发展，为人们创造美好的生活环境，真正做到"城市让生活更美好"。

## 二、城市户外广告规划原则

随着我国经济的高速发展，户外广告已成为城市视觉形象的重要组成部分，同时，也是当前城市视觉污染的重灾区。当前城市的一些户外广告不但没有达到对城市外部形象美化的效果，视觉污染和破坏原有建筑美感的现象还时有发生。对城市户外广告进行有效治理，规划是前提，需要对城市户外广告进行科学的、整体的规划和布局，形成城市美丽的风景线，使之成为传播城市形象的名片。合理而科学的户外广告规划，必须遵循控制性、协调性、安全性、地域性等规划原则。

### 1. 分类设置和控制性原则

当前中国城市的户外广告数量普遍太多，布局不合理，该有的不够密集，不该有的到处都是，使得城市户外广告混乱而无序。因此，在户外广告规划时应根据城市的承载空间进行分类设置，通过对户外广告敏感度、

---

❶ 秦虹，苏鑫. 城市更新[M]. 北京：中信出版集团，2018：22.
❷ 韩绪. 看不见围墙的城堡 基于视觉感知下的城市美学与城市规划思考[J]. 新美术，2013（11）：73-76.

广告效益评价、视觉分析等方面的调研明确把城市户外广告分为展示区、适宜设置区、限制设置区和禁止设置区。广告展示区一般位于城市的商业中心和商业街等人流密集的地方，在展示区，在不占用城市公共道路和安全有序的前提下设置广告，一般允许设置丰富多样的各类广告，但广告的内容与形式应与周围的环境和商业气氛相互协调。比如，时代广场是纽约的中心，是全球商业最为发达的地区之一，作为户外广告的集中展示区，户外广告已成为时代广场的一大特色。广告适宜设置区指在满足相关条件下，可以设置户外广告的区域，一般包括零星的商业、金融、商务办公区以及城市的文化体育中心、车站、机场等城市公共活动集中的部分区域。适宜设置区的广告展示以整体有序为基本诉求，广告的数量和形式应充分考虑所设区域的实际情况，合理发掘广告的展示阵地，避免造成视觉感官上的混乱。广告限制设置区是指可以少量设置户外广告设施的区域，一般包括城市中的以公共绿地为主的城市广场、工业用地区域以及中心城内的立交桥头、城市出入口节点等区域。在进行规划时，需要对限制设置区广告的位置、尺寸、数量等有明确的规定。还有一类就是户外广告禁止设置区。为了更好地保护城市景观、历史风貌、公共空间环境、居民生活环境以及交通、公共设施安全，在城市部分区域禁止设置户外广告。一般包括山体、河流、历史文化景区、居民住宅区、城市行政和教育科研等区域。因此，遵循分类设置和控制性原则是户外广告有序设置的重要手段。

### 2. 协调性原则

户外广告是城市形象的重要组成部分，依附于城市的建筑和环境而存在，只强调个体存在的户外广告往往会造成城市的视觉污染，因此，在进行户外广告规划时应考虑广告与建筑环境的协调、广告与街道环境的协调以及广告与城市空间尺度的协调。比如，日本东京的银座高端商业大街，为了使户外广告和建筑更协调，通过重建和再设计建筑外立面，使得银座的商业视觉品质在世界范围内都堪称典范。另外，户外广告的形状、规格、材质和色彩等都应该与城市空间的整体环境相协调，营造良好的外部空间。户外广告规划与所处区域及载体的功能要求相适应，与所处街区的风貌及人文内涵相协调，维护市容环境的整体性与秩序感，展现城市视觉形象。

### 3. 安全性原则

安全性原则是户外广告的第一原则，户外广告的设置必须考虑其自身的安全性。户外广告设置不得影响公共交通和公共安全；不得影响市政公用设施的使用和市民的日常生活。每一个户外广告在设置前，均应参照相关的设置技术标准进行规范的结构设计，确保结构安全。设置户外广告设施鼓励选用节能环保的新技术、新材料、新工艺；符合国家建筑物和构筑物结构荷载、防雷、防风、抗震、消防、电气安全以及环境保护的要求；使用光源性装置的，避免对周边环境造成光污染，并需符合其他安全技术规范和标准。

### 4. 地域性原则

户外广告需要与城市的环境和文化相协调，突出地域特征，通过高质量的户外广告传递城市文化和地域特色是城市户外广告规划的必然要求。"以维护城市整体形象面貌为宗旨，制定出具有城市特点和优势的区域规划，突出城市个性，丰富整个城市外貌景观，使其具有多样性，使之与片区空间环境、功能定位相适应。"[1]提倡先进的户外广告设计理念和灵活多样的表现形式，宣扬城市地域文化，展现独具特色的城市形象。

## 三、城市色彩规划原则

中国当前的城市色彩问题主要表现在两个方面，一是不加克制的色彩运用，特别是高饱和度和高纯度的色彩大量应用，鲜艳的色彩刺激人们的眼球，给人强烈的视觉冲击，使得整个城市呈现出一种无序、混乱的色彩状态；另一种就是经过设计师介入的城市色彩，主要表现出趋同性，特别是很多城市把自己的城市色彩定位为白色、米色和灰色等所谓的"安全色"，似乎城市的色彩统一了，但同时也显得平庸、缺乏精神和特色，脱离了城市文化的色彩，最后又变成了"千城一色"。不难发现，过乱或过闷的城市色彩，都会有损城市的整体风貌和形象，降低人们的幸福感和归属感。

正是由于城市色彩规划的滞后，导致城市色彩现状杂乱，缺乏明确的主色调，色彩滥用和色彩趋同的现象并存。因此，对于城市色彩视觉污染的整治，色彩规划就显得尤为重要。城市色彩规划不只是为一座城市定下主体色、辅助色和点缀色等色彩基调；更是通过和谐、有特色的城市色彩体系，为人们营造宜居的生活环境，提升市民的生活品质；通过城市色彩规划体现城市的历史文化与人文特色，实现自然环境与人文环境的和谐，塑造城市形象，彰显城市特色。在城市色彩规划过程中，一般需要遵循以下几个原则。

---

❶ 刘传奇. 长沙市户外广告规划与布局研究[D]. 长沙：湖南大学，2016.

### 1. 整体性原则

色彩是一个城市给人们最直观的感觉，是城市给人的第一印象。在城市色彩规则中，强调色彩的整体性和一致性，是塑造良好城市形象的基础。城市是一个复杂的整体，城市色彩也体现在城市的各个方面，从以草地、天空、河流为主的自然色彩到以建筑、广场、公共设施、交通工具、户外广告为主的人工色彩。因此，在色彩规划中，我们需要根据城市的地域特征和独特文化确定城市色彩的主体色、辅助色和点缀色，在此基础上对城市色彩进行设计，遵循整体性原则，才能达到城市色彩的和谐与统一。整体性并非要求色彩的完全统一，而是在整体协调基础上求变化。

### 2. 个性化原则

每一座城市因为文化的差异才彰显出不同的城市个性，城市色彩规划同样需要立足于城市文化，进行个性化的规划和设计。每一座城市在漫长的发展历程中，都会形成和留下自己特有的色彩，这种色彩是文化的积淀，也是人们情感的体现。比如，徽州建筑的外墙以白色为主，黑灰色的瓦，赭石色的建筑细部点缀，整体朴素典雅，但又运用了黑白色的对比，层次丰富，从远处看，宛如一部清雅别致、朴素的江南水墨画。鲁迅先生在《北京的秋天》中对老北京城的色彩印象是："紫禁城的红墙、金色的琉璃瓦、深红的廊柱、墨绿的古柏、汉白玉的雕栏……这些色彩总是异常分明。"这同样也是北京传统的色彩个性，体现了北京的城市特色。2020 年 8 月，北京市规划与自然资源委员会发布《北京城市色彩城市设计导则》，确定北京城市色彩主旋律为"丹韵银律"，由红色系和灰色系两大色系构成，形成了鲜明的色彩个性。丹麦首都哥本哈根的城市色彩同样体现出鲜明的个性特征，曾被评为"最佳设计城市"，哥本哈根以安徒生和童话故事闻名于世，城市色彩设计自然也犹如童话故事般绚丽多姿，城市建筑色彩艳丽，五彩斑斓，大胆撞色，韵律明快，色彩和谐，由此形成世界的童话故乡。

### 3. 自然美原则

城市色彩是自然色彩和人工色彩的结合。对于人类而言，自然色彩是最易被接受的，也是最美的。因此，在城市色彩规划中，应强调自然美的原则，不应该忽视自然界中本身所存在的色彩，要尽可能地保护自然界的色彩，把自然色彩融入城市色彩规划中，营造出一种自然、清新的视觉感受。比如，济南在进行城市色彩规划时，充分遵循了自然美的规划原则，规划时结合济南"泉城"的自然特色，按照"素城彩市"的规划理念，提出了"泉彩雅韵"的城市色彩特色。济南城内733个天然泉，享有72名泉之美誉，最负盛名的有趵突泉、黑虎泉、珍珠泉和五龙潭四大泉群。泉水看似无色透明，实则泉色各异，有黑、白、赤、黄、青五种色彩，像黑虎泉的"黑"，珍珠泉的"白"，金沙泉的"黄"，芙蓉泉的"赤"，因此，泉水被赋予了"泉彩"的色彩。

### 4. 分区原则

城市色彩规划的分区原则主要表现在两个方面。一方面是功能分区的原则，由于城市在总体规划时往往把城市按照功能分为住宅区、工业区、商业区等几个相对集中的区域，在城市色彩规划时，应该根据城市的不同功能区域进行有针对性的规划，比如商业区可以选择一些鲜亮、活泼的暖色调为主，营造浓厚的商业氛围，而工业区往往以素雅的冷色调为主。另一方面，可以根据城市的各行政区域的划分进行分区色彩规划。由于每个区域的历史文化资源、现代产业布局以及发展定位的不同，其色彩规划应有所区别。近年来，越来越多的城市色彩规划体现了分区原则，2018年11月，襄阳城市色彩规划称每个区应该有自己的主体色；2020年1月，上海市人民政府发展研究中心发布《营造城市色彩 建设美丽上海研究》，提出了分区提取主体色、构建色彩体系等思路和对策。

随着中国城市的不断扩大，很多城市都有老城区和新城区，老城区一般以传统建筑和历史文化资源为主，新城区更能体现时代特色，因此，在色彩规划时需要区别对待。比如，曾被拿破仑称赞为"世界上最美城市"的巴黎在新老城区的色彩规划方面就采用了分区原则，呈现给人们不同的色彩个性和特色。在巴黎老城区的色彩规划中，把亮丽而高雅的奶酪色系和深灰色系作为老城区的标志色彩，别具一格的色彩体系使人对巴黎产生了深刻的城市印象；而以摩天大楼为主要特色的巴黎新城区，玻璃幕墙、钢筋混凝土等使巴黎的新城区具有鲜明的工业时代的美学特征，其色彩多体现出明朗而冷峻的色调，但一些局部的色彩表现又极富韵味与想象。

## 四、城市公共艺术规划原则

很长一段时间以来，城市雕塑成为中国城市公共艺术的主要形式，甚至是唯一形式。自1998年深圳制定了中国城市第一部雕塑规划方案后，不少城市陆续出台了城市雕塑规划方案，对城市雕塑的总体布局、题材选取

**119**

以及建设计划等内容进行规划。然而，城市公共艺术不只是城市雕塑，还包括城市公共设施、景观小品、城市家具、装置艺术等多种艺术形式。1959年，美国费城成了第一个通过"百分比艺术"条例的城市，规定将 1%的建筑经费用于公共艺术。继费城之后，旧金山、华盛顿等多个城市接受"百分比艺术"政策，各个城市纷纷推出城市公共艺术规划，使公共艺术成为美国城市建设的重要组成部分，进一步体现城市的精神面貌和彰显城市文化。2005 年，由深圳雕塑院承担的《攀枝花市公共艺术总体规划》迈出了我国内地城市公共艺术规划的第一步，但总体来看，中国城市的公共艺术规划还未引起足够的重视，制定公共艺术规划的城市还较少，这也是导致当下城市公共艺术混乱、无序的直接原因。

### 1. 遵循"点、线、面"空间结构的公共艺术规划原则

目前,中国城市公共艺术更多还处于作为建筑或广场的附属品而存在，往往是建筑或广场完成后看需要什么添加什么，"规划滞后，建设先行"的现象在中国城市公共艺术建设中普遍存在。在城市公共艺术规划中，应遵循"点、线、面"相结合的原则。"面"是指城市公共艺术的整体规划，根据城市整体的空间发展格局，结合城市实际情况，从区域空间环境和人文环境出发，建立宏观尺度上的整体规划，明确城市公共艺术的发展方向和目标，展现城市未来的艺术生活图景。"线"是指对城市与公共艺术密切相关的重点区域进行空间布局和规划。重点区域主要包括城市历史文化街区、风景名胜区、城市商业街区、城市文化街区等区域，这些区域往往是城市公共艺术比较集中的地方，需要对公共艺术资源进行合理配置。"城市重点区域公共艺术控制性规划的设计重点在于详细研究规划区域的历史人文背景、功能属性定位，以及地形、建筑、道路等空间结构关系，明确公共艺术规划的空间分区、轴线、主次、重点、节奏、尺度、主题、艺术形式、作品位置，以及公共艺术作品与建筑、道路等空间要素的控制性要求与原则。"❶"点"主要是指比较分散在城市各个空间中的单个公共艺术作品，包括建筑内外、城市广场、住宅小区、车站、街道绿地等区域。当然，"点"也有可能是一座城市的重要节点，这个重要节点往往需要规划城市的标志性公共艺术作品，体现城市的精神和文化内涵。因此，在城市公共艺术规划中，"点"的规划同样重要，需要从微观层面上对公共艺术的造型、色彩、材料、表现手法等进行细节规划，使之更适应所处的空间环境。

---

❶ 张健. 基于城市文化建构的公共艺术规划内容与方法初探[J]. 美术学报，2018（05）：103-108.

## 2. 注重挖掘城市的内在文化

在以往的公共艺术建设中，我们更多地重视公共艺术在塑造城市形象中的作用，而忽略了公共艺术的场所精神和人文因素，割裂了城市的历史文脉。城市的公共艺术是城市文化的集中体现，在进行规划时，应该注重挖掘城市的内在文化，通过规划确定城市的文化内涵和精神，为艺术家和设计师的作品创作提供翔实的文化依据。每一座城市由于文化的差异都具有独特性和不可替代性，城市空间的文化差异表现为长期形成的物质形态和精神形态的不同，能给当地市民独特的城市记忆，并唤起他们特定的认知。而公共艺术规划应强调城市文化的独特性，通过公共艺术作品传达城市文化和场所精神。比如，苏州和威尼斯均是以"水城"著称的国际著名旅游城市，两座因水而生的城市却呈现出不同的文化特征。威尼斯有大量的历史建筑散落在城内各处，各式教堂、钟楼、宫殿、博物馆、广场等都承载了威尼斯厚重的历史，城市里到处是生动活泼的精美雕塑和玲珑剔透的玻璃工艺。圣马可教堂的雄伟和富丽堂皇以及威尼斯人热情浪漫的人文气质都体现了鲜明的城市特色。而苏州不管是园林建筑还是昆曲、苏绣和吴门画派都体现了淡雅秀丽、含蓄隽永的文化特色。因此，在城市公共艺术规划中，作为同是"水城"的苏州和威尼斯应有不同的文化定位，深入挖掘城市文化内涵，注重不同文化符号的表达和呈现。

## 3. 公众参与原则

公共艺术不只是城市形象的点缀，更应该成为人们生活的一部分。公共艺术最显著的特点是其公共性，是通过公共空间表达公众的日常生活和情感追求，公众是公共艺术的直接参与者，公共艺术要回归公众，服务公众，真正成为公众的公共艺术。因此，在城市公共艺术规划环节就应该强调公众的参与，将公众的意见纳入公共艺术规划中去。一般来说，在公共艺术规划前就应该对公众进行深入的调研和访谈，了解他们对于城市空间的主观认知情况和规划需求，了解受众心理和行为习惯，广泛征求公众对于公共艺术规划的意见，让公众了解城市的未来，只有这样，规划和设计的公共艺术才能真正地体现公众需求，也才能使公众有强烈的认同感和归属感。1978年，美国西雅图通过了"公共艺术计划"，扩展了普通市民广泛参与公共艺术规划的通道，使得公众参与绝非一句口号，而是公共性与艺术形式的真正统一。"西雅图'公共艺术计划'的基本理念是：'公共艺术是一个邻里所能理解、最强烈的社区营造形式。'据此观点，艺术不再只是'无用之用'的物件，而是具有儿童游戏、环境管理、教育伙伴、颂扬多元文化、反暴力策略、设计解答、经济发展、邻里组织动员乃至社区营造的各种可能。"●因此，西雅图的公共艺术计划让我们看到了公众参与的无穷可能性。尊重公众的权利，鼓励公众积极参与公共艺术规划，充分考虑公众需求，才能使公共艺术真正具有公共性。

## 五、城市照明规划原则

随着我国经济的迅速发展，夜间活动已然成为现代城市的刚需，夜间经济越来越被各个城市所重视，因此，每个城市纷纷推出"城市亮化工程"，希望通过城市亮化来吸引人的眼球和塑造城市形象。然而，很多城市由于缺乏城市照明规划，导致城市照明布点不均、亮度失控等一系列问题，带来了严重的城市光污染，影响着人们的日常生活和身心健康。夜晚是现代都市人们主要的休闲时光，人们在夜景的城市环境中感受到完全不同于白天的空间氛围，良好的照明环境可以更好地营造商业气氛和文化气氛，提升城市的形象。因此，科学、合理的城市照明规划就变得尤为重要。"针对世界范围内广泛存在的照明能源浪费、夜间景观环境破坏等问题，国际黑暗天空协会（IDA）发出倡议——通过有质量的室外照明来维持和保护夜间环境与我们的夜空遗产。"●随着新的照明手法不断出现，如媒体立面和 LED 广告屏的大量使用，产生了新的光污染类型，因此，在城市照明规划中，我们应该遵循人本主义、生态环保、可持续发展以及坚持暗夜保护的原则。

### 1. 人本主义原则

城市照明规划是对当下城市的照明现状进行反思基础上的未来规划，对于大多数中国城市而言，照明泛滥已经成为一种普遍现象，灯光照明多以物和景为主，忽视了人的需求和感受。城市照明规划应转变传统的亮化工程和形象工程的建设思路，应以人为中心进行科学、合理的照明规划。未来的照明设计应更多地为人服务，增加人的安全性和舒适性，让更多的人愿意在夜晚走出家门，去感受城市的魅力。

城市照明规划的人本主义原则主要表现在：一方面，应该重点完善城市各类空间的功能照明，对当下功能照明进行优化，注重城市光污染防治，

---

● 王中. 公共艺术概论[M]. 2 版. 北京：北京大学出版社，2014：341-342.
● 沈俊超，齐立博. 从"功能照明、景观照明"走向"绿色照明、特色照明"——"南京市城市照明专项规划"的相关思考[J]. 城市规划，2010（01）：93-96.

避免不合理的照明建设对市民日常的生活、学习、工作和交通出行等产生不利影响，为公众提供安全、舒适的夜间活动光环境，提高夜间的方向辨识度；另一方面，从公众的活动体验出发，城市照明规划应更加关注近人尺度的照明建设，适度进行高品质的景观照明提升，关注人在城市中的夜行、夜游体验，增强公众夜间出行的趣味性和艺术性。比如，深圳在进行最新城市照明规划编制时，首先强调人本主义原则，提出城市照明规划应以人的所在、所见、所悟为本展开，《深圳市城市照明专项规划（2021—2035）》指出："要打造更缤纷人文的公共城市生活体验，创造世界性移民城市的丰富亚文化魅力，营造亲切、人性化的生活休闲体验。夜景规划应兼收并蓄国际先进的夜景环境营造经验，以'以人为本'的建设原则指导夜景专项规划的项目布局、设计要点和技术要求。"❶因此，在进行城市照明规划时，以秉承人本主义的照明规划原则，坚持以人的生理和心理健康发展为准则，从公众的夜间活动实际需求出发，进行城市照明建设和提升。优先保障城市功能照明建设，适度推行城市景观照明建设，在有效防治光污染的同时不断提高人们的居住环境幸福指数。

## 2. 生态节能原则

随着各个城市通过文旅夜景照明带动经济的发展，城市夜景变得越来越亮，出现了越来越多的"不夜城"，而不合理的城市照明也带来了能源的浪费和环境的破坏，因此，城市照明规划应深入贯彻生态节能的可持续发展照明理念。一方面，可以根据城市的不同区域的功能对城市照明进行区别划分。利用科技手段实现城市照明自动化控制，推动功能照明和景观照明分模式控制，对各区域照明进行差异化管理，实现城市照明系统性节能。深圳的照明规划将深圳的城市照明分为"暗夜保护区""限制建设区""适度建设区""优先建设区"四大类进行管控。通过照明分区，将生态保护放在首位，严格控制灯光照明的使用。对于城市功能照明不足的情况，可以通过"做加法"优先保障功能照明；而对于照明建设过度的情况，通过"做减法"的方式进行合理规划和科学优化，减少不必要的过度照明。另一方面，在城市照明规划中鼓励新技术、新工艺、新材料的运用。在城市照明建设过程中，优先选用先进照明技术及照明产品，因地制宜利用清洁能源，广泛推广环保型灯具。深入贯彻绿色照明理念，推进节能环保产品和技术在城市照明中的应用；结合夜间公众活动的实际需求，合理安排适度的景观照明建设，避免过度建设产生不必要的城市能耗；推行城市照

---

❶ 深圳市城市管理和综合执法局.《深圳市城市照明专项规划（2021—2035）》

明分时、分级控制，在保证功能照明和景观照明效果的同时，最大程度降低城市能耗，为全面推进生态节能相关工作提供科学的规划指引。

实践证明，城市照明并非越亮越好，照明规划应根据生态节能原则进行因地制宜的适度建设。通过"做加法""做减法"并行的规划策略，通过用最少的光营造出最契合城市氛围的夜间生活环境，以期实现对当下的夜景照明进行优化，形成更加健康舒适的、可持续的城市夜间光环境。

### 3. 暗夜保护原则

昼夜分离是人类生活的基本属性，也是自然生物的基本规律。夜空是人类的共同遗产，暗夜保护就是保护生态系统的平衡，让我们的子孙后代能看到自然的星空和银河。暗夜保护是国际暗夜协会和世界自然保护联盟等国际组织为了呼吁应对光污染而提出的生态保护理念。所谓暗夜保护，就是为了应对光污染，通过科学、合理的户外照明来保护夜间环境和星空遗产，从而保护生物的多样性。越来越多的城市照明规划提出了暗夜保护的原则，在城市中划定暗夜保护区，保护城市的生态和环境。过度的照明让城市当中的暗夜资源变得越来越稀缺，光污染不仅影响了人的生理和心理健康，也对城市的动植物和生态造成严重的摧残。

2013年杭州市通过了《杭州市主城区照明总体规划》，杭州将主城区夜景照明规划划分为许可设置区、限制设置区和黑暗天空保护区，是中国首次在城市照明规划中明确提出暗夜保护的城市。随着公众生态保护意识的不断增强，城市照明规划应着眼于维护城市的生态平衡以及保障城市动植物生物节律不受干扰，应重视对城市生态多样区的暗夜保护，使城市照明达到公众夜间活动需求和生态保护需求的统一，更好地展示城市形象。"瑞典全年自然光照较少，当地人很珍惜光资源，在照明设计中大多以简约、自然的方式呈现，照明理念遵循'少既是多'。北欧照明注重利用自然光给孩子创造良好的成长环境。如何保证我们的下一代也能体验到我们儿时虫鸣鸟叫的夜晚，减少照明对周边环境的侵扰，是照明设计师需要考虑的重要内容之一。"❶贯彻暗夜保护的理念，树立暗夜保护意识，对于城市生态的保护至关重要，各个城市应根据实际情况，在照明规划中划定暗夜保护区的范围，并提出相应的管控要求。通过打造暗夜城镇、暗夜公园和暗夜保护区，进一步提升自然环境品质，促使人们关注光污染的严重性及暗夜保护、生态环保的问题，留住城市的星空，让人们真正感受到星空的美，真正见到黑夜本来的样子。

---

❶ 深圳市城市管理和综合执法局.《深圳市城市照明专项规划（2021—2035）》

# 第三节 城市视觉形象设计

城市视觉污染源主要来自于杂乱无章的户外广告和店面招牌、混乱无序的城市色彩、粗制滥造的公共艺术以及无处不在的过度光照明等，这些污染源的存在和设计有着密切的关系。设计是一种解决问题的方法，在进行城市视觉形象设计时，设计师应努力通过自己的设计解决城市的视觉污染问题，而不应该成为视觉污染的制造者。因此，视觉污染的整治需要从源头上杜绝这些污染源的出现，只有依靠设计。加强城市视觉形象设计，能最大限度地消除城市视觉污染；也只有加强城市视觉形象设计，才能更好地塑造城市美好形象。

## 一、城市视觉形象设计的原则

城市视觉形象是城市形象的外在体现，给人们以最直观的城市印象。在城市视觉形象设计的过程中，需要遵循一些基本的设计原则，只有这样，才能设计出体现城市形象的优秀作品。

### 1. 功能性原则

功能性是设计的一种本质特性，人类在设计活动中始终将设计作品的功能性放在首位。功能性原则不仅仅适用于产品设计，在城市的视觉形象设计中，同样到处充满着功能性的原则。比如，在城市规划设计中，首先需要对城市的功能进行分区和定位，城市是人们居住和生活的场所，功能不明确的城市设计将给人们的生活带来诸多的不便；在建筑设计中，其功能性的重要性就更不言而喻了，从沙利文的"形式追随功能"到柯布西埃的"住宅是居住的机器"，都强调了建筑设计中功能性的根本原则；在灯光照明设计中，满足功能照明是设计的前提，在满足功能照明的前提下考虑功能照明的景观化设计；即便在偏平面设计的户外广告和店面招牌设计中，设计师首先也需要考虑其信息传播的功能。因此，城市视觉形象设计首先要遵循功能性原则，功能要求是城市视觉形象设计的第一要务，在此基础上进行的设计才具有意义。

### 2. 审美性原则

优秀的设计不仅需要强调功能性要求，同样需要遵循审美性原则，是形式和功能的完美结合，美的形式是设计的永恒追求，也是设计给人们带来精神愉悦的根本。城市视觉污染的普遍存在很大程度上是由于审美的缺失，杂乱无章的户外广告和店面招牌、粗制滥造的城市公共艺术、混乱的城市色彩、刺眼的光照明、怪诞的丑陋建筑等都是城市视觉污染的直接来源，也都是对设计审美漠视的直接结果。因此，对于城市视觉形象设计而言，其审美性就变得尤其重要。比如，城市户外广告承载着公共审美的责任，不仅要求户外广告本身具有视觉美感，它还是时尚审美的向导，引导大众的审美取向和价值。"户外广告作为城市公共艺术载体的特质，使其画面和内容视觉传播形式在公共空间中具有某种被观赏的价值，特别是那些内容健康时尚、画面精致、充满创意智慧的户外广告，其实就承担着城市画廊作品的责任。"❶户外广告和其他类型的广告相比，其最大的特点在于"户外"，它占有着公共空间的视觉领域，生活在城市里的人无法选择或者无法逃避它，其审美性直接影响着城市空间环境和人的视觉心理。因此，审美性对于构建城市视觉秩序和塑造城市形象具有极其重要的积极作用。

### 3. 文化性原则

对于城市视觉形象而言，文化性是其设计之魂，也是塑造城市特色和区别于其他城市的关键。通过对城市文化的挖掘和提炼准确定位城市形象，在此基础上对城市视觉形象进行设计，不仅能体现城市特色和传递城市文化，更能唤起人们的城市记忆，使人们获得自豪感和归属感。优秀的城市视觉形象设计必然体现城市特有的文化，比如，在城市雕塑设计中，优秀的城市雕塑能代表一个城市，凸显城市的文化，比如大家所熟知的哥本哈根"美人鱼铜像"已成为哥本哈根甚至丹麦的象征，每一个到哥本哈根的游客，必要到这尊铜像前重温一遍那个美丽而忧伤的故事。广州越秀公园的"五羊石像"也是广州最著名的景点之一，体现了广州作为"羊城"的城市文化，已经成为广州城市的标志。2001年，香港特别行政区斥资900多万元打造香港城市品牌形象，"飞龙"标志腾空而出，进一步凸显了香港的城市形象和独特的城市文化。特区政府组织专家进行层层筛选，最后在上百份设计方案中选择了带有"飞龙"形象的标志，该标志主体形象是一条新颖的、活灵活现的飞龙，设计师巧妙地把中文"香港"二字和香港英文的首字母 H、K 融入飞龙的图案设计中，向人们展现了中国传统文化和香港的历史背景，反映了中西文化汇聚和融合的特色。城市视觉形象是展示城市文化的重要手段，通过设计的文化性原则进一步增强人们的文化认同感。

---

❶ 马泉. 城市视觉重构——宏观视野下的户外广告规划[M]. 北京：人民美术出版社，2012：132.

### 4. 情感性原则

美国心理学家唐纳德·A·诺曼说："成功的设计作品关注的是人类情感。"情感是人们受到外界刺激而产生的一种心理反应，优秀的设计作品往往诉诸于受众的情感，通过情感去感染受众，唤起受众美好的情感，最终达到预期的目的。城市因人而建，城市的灵魂是生活在城市中的人，每一个优秀的城市视觉形象设计应该是给人们提供便利的同时慰藉人们的情感，因此，构建令人愉悦的城市视觉环境和视觉秩序是每一位城市设计师的责任。而当下不少城市混乱的城市色彩和无序的户外广告使得城市视觉秩序失衡，从而导致人们的情感和心理受到一定的负面影响。设计师在进行城市视觉形象设计时，应充分考虑大众的心理和情感，通过设计作品提升城市的视觉品质，给大众带来视觉愉悦。城市雕塑的情感性原则是最为典型的例子，当前很多城市中充斥着大量的缺乏温度的冷冰冰雕塑，脱离了城市文化和情感，缺乏与市民的互动和交流。优秀的城市雕塑一定是体现城市的文化和情感的，是人们情感的共鸣。比如，著名雕塑家潘鹤的《珠海渔女》雕塑，是珠海的城市象征，已经成为珠海的标志性景观。渔女姿态优雅，神情喜悦而含羞，脖子上戴着项珠，身上披着渔网，裤脚轻挽，双手举着明珠向人类奉献珍宝。渔女的形象来自于珠海的一个美丽爱情传说，又结合了珠海以前以渔业为主的城市文化，这一城市雕塑以美丽而动人的爱情传说为主题，寄托了人们深深的情感。

## 二、城市品牌形象的视觉化

城市犹如人的面孔，每一个城市都有自己特有的形象，这些形象不仅源于城市的自然景观和地理特征，更源于城市的历史文化和精神文明。一个城市真正吸引人的地方不仅在其物质文明，更在于精神文明。在现代城市形象的建构中，越来越重视城市品牌形象的塑造，城市品牌形象是城市形象的品牌化，展示着城市形象中最具特色的部分，通过特有的城市符号体现城市鲜明的个性。城市品牌形象的视觉化是指依据城市文化和特色定位，通过视觉传达原理设计出具有品牌特色的符号化图形和色彩，人们通过符号化的图形和色彩等视觉元素获取城市信息，感知城市文化。

### 1. 城市品牌形象定位

城市品牌形象就是城市精神和文化、城市行为和制度以及城市视觉表现等方面的综合体现，不仅仅包括人们对城市的自然环境、人文历史和社

**127**

会伦理的认知，还包括对城市的法律制度、行为习惯等方面的综合评价，最后通过外在的视觉化的城市环境体现出来。城市品牌形象的视觉化主要是通过城市的标志、色彩、标志性建筑、特色景观、视觉导向以及吉祥物等视觉符号塑造城市形象，传递城市文化。立足于城市文化内涵进行城市视觉符号的设计，构建合理的城市外在形象的视觉秩序。

城市品牌形象的定位过程，就是寻找城市个性和特色的过程，城市之间的差异性是城市品牌形象定位的重要依据。然而，中国当前城市的个性和特色逐渐模糊，差异性越来越小，为城市品牌形象的准确定位和建设带来了一定的难度。城市品牌形象的塑造立足于城市特有的具体物化事物和非物化的文化理念，"城市品牌形象的塑造必须要在综合考虑物质与非物质元素的前提下，进行科学的准确的城市定位"❶。城市品牌形象的建立有助于整个城市视觉形象的塑造，城市标志、色彩等视觉符号作为城市视觉形象和视觉文化的重要组成部分，其设计依赖于城市的整体规划和品牌形象定位。城市视觉符号的设计应在遵循城市品牌形象的前提下结合自身特点进行有个性的设计，才能更好地体现城市特色，也才能更好地突出视觉符号的审美特征。

城市品牌形象的建设是一项系统工程，需要政府部门组织包括文化学者、设计师等在内的团队进行打造。首先需要根据城市的发展历史和文化对城市进行准确的定位，在其基础上设计师根据城市定位进行特色元素的提炼和设计。"一个成功的城市品牌形象应该是该城市本身所具有的某种特质提炼或强化的结果，是城市物质文明和精神文明的结晶，是城市自身特征在城市品牌形象塑造中由隐性到显性的变化的过程，而不是人为主观意象强加于城市的名称或口号。"❷在城市品牌形象准确定位的基础上进行城市视觉符号的设计，有助于城市形象的整体塑造，视觉符号也能进一步彰显城市的特色和文化。

## 2. 城市视觉秩序建构

秩序是人的本能需求，能够让人们更好地完成生理和心理建设。随着城市的不断发展，城市在视觉上的反映也变得越来越复杂和多样，缺乏内在联系的视觉元素出现在城市的每一个角落，破坏了城市空间的视觉布局，导致了城市视觉的失序，而城市视觉污染的普遍存在正是由于城市视觉的失序。大到城市整体规划，小到街道的店面招牌和户外广告，都是有秩序

---

❶ 孙湘明. 城市品牌形象系统研究[M]. 北京：人民出版社，2012：2.

❷ 孙湘明. 城市品牌形象系统研究[M]. 北京：人民出版社，2012：5.

的，只有注重城市外观的视觉秩序，才能打造有特色的城市形象。"城市视觉秩序是对城市内在结构和特征有规则的外化,是通过对城市视觉符号、建筑景观、户外广告、交通秩序、国民公共行为等各个城市视觉呈现元素的统筹和总体把控而形成的视觉结构，表现为城市外在视觉呈现的有序性。"❶城市视觉形象的有序性在于城市视觉元素的整体设计和呈现，在城市品牌形象定位基础上对城市的标志、色彩、建筑物等进行有针对性的设计，才能使城市的整体外在形象变得有序。

城市视觉秩序的建构，需要从城市规划的角度从整体上对城市视觉要素进行定位，从而控制视觉秩序，让所有的规划都能处于可控的视觉范围内。比如，在城市色彩专项规划中，对城市的色彩进行提炼和设计，确定城市的主体色、辅助色和点缀色，那么，在城市色彩的运用中只要依据色彩规划进行色彩搭配，整个城市的色彩就能很好地达到和谐和统一，也就能呈现出良好的城市视觉秩序。总体而言，在城市形象的建构中，要体现良好的视觉秩序，就要求城市视觉元素不能太混乱，也不能太有规律，理想的城市视觉形象追求秩序中有变化，有序而多样。良好的城市视觉秩序对城市的外在形象塑造和城市品牌形象建构起到重要的积极作用，能进一步提升城市的整体品质，给人们带来赏心悦目的、舒适的生活体验。良好的城市视觉秩序能突出城市个性，传递城市文化，营造出一种符合城市历史、文化、人文背景的良好氛围。

### 3. 城市视觉符号设计

当我们去了解一个城市的历史和文化时，最直接的途径就是通过这个城市的建筑、景观雕塑、店面招牌以及城市色彩等视觉元素去感知。透过这些视觉设计，我们可以感受和探寻这座城市的地域风情、历史文化和人文气息，能让我们更好地理解这座城市。城市视觉符号作为城市视觉设计的最重要组成部分，是通过艺术的手法把城市抽象的信息转化为可感知的视觉符号，用符号化的图形、文字和色彩等视觉元素将城市内涵传达出来，城市视觉符号主要包括城市标志、城市色彩、城市的空间环境等。

城市视觉符号把城市的历史文化和城市精神以视觉的方式呈现出来，城市标志是城市视觉符号的核心，浓缩了城市的物质文化和精神文化。城市标志不仅仅是一个城市的视觉符号，更是一个城市灵魂的载体。例如，一提到巴黎，人们首先会想到埃菲尔铁塔、卢浮宫、巴黎圣母院和凯旋门；然而，巴黎的文化不仅仅体现在拥有无数艺术瑰宝的卢浮宫，不仅仅体现

---

❶ 马泉. 城市视觉重构——宏观视野下的户外广告规划[M]. 北京：人民美术出版社，2012：229.

在庄严神圣的巴黎圣母院，也不仅仅体现在壮丽雄伟的凯旋门，更在于它整体的城市视觉设计，在于它承载了几千年法兰西历史文化的建筑物表面以及其他城市构成元素中。在巴黎的品牌形象建构中，2019年，巴黎政府宣布启用全新的城市LOGO设计（图5-1），沿用了传统城市形象设计中的"帆船"造型，以一笔画的线条勾勒出帆船的造型，粗细的变化增强了帆船的动感，体现出乘风破浪的气势，整体形象更为简洁、大方。相比于埃菲尔铁塔和卢浮宫，帆船更能代表巴黎历史和文化，更能体现巴黎的城市精神，也更能体现巴黎人的情感。巴黎源于公元前2世纪塞纳河上一个叫西岱的小岛，居住着高卢族巴黎吉人，巴黎吉人是以塞纳河流域以渔猎为生的部落，所以至今巴黎城市标志中一直保留着帆船的形象。帆船是巴黎历史性的象征，也是巴黎最重要的标志之一，巴黎的市徽是由菲利普二世设计的一艘乘风破浪的帆船，距今已有八百多年的历史。即便在今天，在巴黎的大街小巷仍然随处可见以帆船为主题的设计。

图 5-1　巴黎城市 LOGO

以城市标志为主的城市视觉符号设计，应遵循差异性原则。在深入挖掘城市文化和内涵的基础上找出城市之间的不同点，根据城市的特点提炼城市视觉符号,再通过差异化的图形和色彩等视觉元素进行视觉形象设计。正是由于城市视觉符号的差异性特征，使得其具有较强的识别性，通过视觉形象体现城市的个性特点。城市视觉符号设计应遵循文化性原则。视觉符号是城市文化的浓缩和结晶，是城市文化的符号性表达，应体现出丰富的文化性内涵，通过视觉符号的设计彰显城市文化，传递城市形象。城市视觉符号设计应遵循审美性原则。视觉形象属于美学的范畴，审美性是衡量城市视觉设计的重要标准之一，视觉符号设计通过简洁、凝练的符号美向人们传递信息的同时，其自身的美感和结构能给人们带来更好的审美体验和情感愉悦。通过城市视觉符号的设计和应用，使城市具有更好的视觉秩序美感，进一步彰显城市的特色。

## 三、城市色彩的提炼

色彩作为最重要的视觉要素之一，是城市的第一名片，城市色彩能体现城市文化和审美品质，成功的城市色彩规划和设计能极大地提升人居环境的质量，能更好地体现城市形象和展示城市魅力。因此，对于城市视觉设计而言，色彩的提炼和规划至关重要。

### 1. 城市色彩的结构构成

城市色彩由主体色、辅助色和点缀色组合而成。一般而言，主体色是城市个性特征的表现，其设计应符合城市理念和城市内涵。主体色占城市色彩比例的75%左右，主体色起主导作用，决定着城市的色彩基调，也是对人们视知觉影响最大的色彩。城市辅助色一般占20%左右，它所起的作用是为了弥补主体色单一性的不足，增加城市色彩的丰富性和层次性。城市的点缀色只占到城市色彩的 5%，一般选用和城市主体色对比较为强烈的色彩，点缀色和主体色、辅助色相搭配，体现城市色彩的统一性和多样性的关系。正是由于不同比例的主体色、辅助色和点缀色的搭配设计，城市的色彩才不会混乱无序和过于单一，才能形成整体、稳定、和谐的色彩关系。总之，城市色彩的设计应遵循变化与统一的形式美法则，在统一的基础上求变化，在变化中协调统一，缺乏统一的变化会使得城市色彩混乱无序，缺乏变化的统一又会给人单调呆板的视觉印象。因此，城市色彩设计需要在主体色的基础上配以辅助色和点缀色，才能达到色彩的和谐，使人们产生愉悦、舒适的视觉体验，提升市民的获得感和幸福感。

### 2. 城市色彩的提炼

城市色彩的提炼应立足于城市的自然色彩和人工色彩，需要研究城市色彩的构成情况，从城市自然色彩和人工色彩中提炼出具有城市特色和文化的代表性色彩。自然色彩是不以人的意志为转移的、自然界中客观存在的色彩，比如，城市植被、水、土壤等所呈现出来的色彩。城市色彩的提炼首先需要对城市的自然色彩进行测定和归纳，自然色彩是大自然的馈赠，本身就体现出自然美与和谐美，因此，在城市色彩提炼和设计时往往会以自然色彩为主，把人工色彩融于自然色彩之中。比如，威尼斯以碧绿海水

**131**

和蓝色天空的自然色为背景，辅以现代活泼、艳丽的人工色彩，人工色彩和自然色彩融为一体，使得整个城市充满了独特的魅力。以建筑色彩和户外广告色彩为主的城市人工色彩由于其所占面积较大成了城市的主体色彩，当前城市色彩视觉污染主要就体现在城市建筑和户外广告色彩的滥用和混乱。在城市色彩提炼和设计过程中，需要对城市历史建筑的色彩进行研究，它是千百年来历史的积淀，也是城市传统文化的集中体现，融入了人们的情感和审美。巴黎在城市色彩的建构中，老城区选用亮丽而高雅的奶酪色系和深灰色系作为巴黎的标志色彩，在其建筑、户外广告和城市店招中进行了广泛的应用，别具一格的色彩体系使人对巴黎产生了深刻的城市印象，巴黎的城市文化也由其品牌形象设计得到了进一步的彰显和传递。因此，在城市色彩提炼和设计中，需要充分考虑城市的自然色彩和代表城市历史文脉的传统色彩，尊重人们的喜好，用色彩来体现城市文化气质和城市风格。

## 3. 城市色彩设计案例

2020 年，北京把城市色彩主旋律确定为"丹韵银律"，是对北京传统色彩和现代色彩、自然色彩和人工色彩深入研究的基础上精心提炼出来的，暖色和冷色和谐交融、互为补充、相得益彰，是北京传统文化和现代文明的集中体现。中国美术学院宋建明团队通过 18675 张调研照片、231 次现场比色和上百份实样采集，提炼出"丹韵银律"四个字（图 5-2）。宋建明对这四个字进行了系统的阐释："'丹韵'由多组典型的红色系构成：紫禁城的红墙、皇家的朱柱红门等，还包括传统建筑的砖红、酱红、深红乃至褐色所构成的浓重的红色系；其次，北京的土壤呈现出丰富的橙红褐色系，这些土壤的微粒长年随风飘浮，附着于建筑物和植被之上，使整个京城景观呈现出一种微'丹味'的暖色调；其三，来自当代城市'自发'的色彩，最近 30 年来，北京城市街道与建筑外墙被反复地涂装成浓淡深浅不一的红色系。'银律'则由多组灰色系组成的，其根源可从传统四合院和胡同的灰色系开始追溯，这是传统历史风貌特色片区的民宅色调。当代建设的大量以石材为主体的建筑，显示着不同明度不同冷暖的灰色系。近年来城市建筑大量使用新材料，如玻璃幕墙、钢结构，以鸟巢、国家大剧院等地标性建筑为代表，慢慢形成了以可用银色系概括的另一个主要色调。"❶从北京的色彩规划中不难看出，色彩的提炼是对北京文化的深入挖掘和生动展现，通过色彩进一步塑造北京文化特色和城市形象。

❶ 王剑英. 色彩规划让城市更"出彩"[J]. 瞭望东方周刊，2019（12）：8.

图 5-2　北京"丹韵银律"

## 四、城市户外广告与店面招牌设计

户外广告和店面招牌是构成城市视觉秩序的重要元素之一，它们与城市建筑、景观、城市设施和公共艺术等共同构成了城市的形象和品质。城市户外广告和店面招牌是城市形象的最直接体现，城市视觉污染大部分来自于户外广告和店面招牌，因此，对城市户外广告和店面招牌进行精心设计是减少视觉污染的最直接途径。

### 1. 城市户外广告设计

城市户外广告由于其种类的复杂性和形式的多样性，其治理的难度颇大。宏观上需要从城市总体规划和户外广告专项规划对户外广告的视觉秩序进行总体控制，微观上依赖于每一个户外广告的设计。

户外广告不同于其他广告形式，由于其置于特定的环境中，因此，户外广告的设计不仅要准确传递信息，还要与整体环境相协调。在进行户外广告设计时，应遵循以下几个原则。

首先，内容简洁，主题突出。清晰明了地表现主题是户外广告设计的首要原则，户外广告由于其受众是行动中的人们，具有较强的流动性特点，决定了受众注视户外广告内容的时间较短，需要在短时间内向受众准确传递广告的内容和信息，因此，内容简洁、主题突出就变得尤为重要。一般在户外广告设计中，通过简洁的图形创意和鲜明的色彩搭配让人一眼就能看出广告的主体和信息，强调在第一时间内给人以完整的广告形象。

其次，视觉冲击力强。在当今铺天盖地的读图时代，为了第一时间吸引受众的注意，抓住受众的眼球，户外广告的视觉冲击力就变得尤为重要。相比于文字的表达，有创意的图形和强烈的色彩对比无疑具有更强的视觉冲击力。因此，在进行户外广告设计时，应注重图形本身的创意，让人有眼前一亮的视觉感受，才会引起受众的兴趣，并给受众留下深刻的印象。在画面色彩搭配方面，可以运用明度对比、色相对比和补色搭配等多种组合方式形成强烈的视觉刺激，从而形成强烈的视觉冲击力。当然，在户外广告色彩使用中，并非越刺激越好，过度刺激容易引起人们的视觉不适，需要在设计的过程中把握好度，通过色彩的合理搭配，在体现视觉冲击力的同时给人们带来视觉享受。

再次，与环境的协调。城市户外广告一般是依附于城市建筑或城市空间而存在，在其设计的过程中需要充分考虑户外广告所处的环境和空间，考虑户外广告对城市视觉秩序的建构作用。在进行户外广告设计时，需要对户外广告载体的实地进行考察，考察周围的建筑环境和空间布局，根据不同的环境有针对性地采用不同的广告表现形式和创作手法。因此，城市户外广告设计只有充分考虑城市环境的因素，与环境相协调，才能更好地达到城市视觉秩序的建构，更好地形成良好的城市形象。

优秀的城市户外广告是城市一道亮丽的风景线，不仅能美化城市环境，还能传递城市文化。城市户外广告包括商业广告和公益广告两大类。商业广告是通过广告的形式对商品进行宣传，使人们对商品有所了解，进而产生购买欲，从而促进商品的销售。商业广告是当前城市户外广告最普遍的存在形式，反映了一个城市的经济发展水平和商业繁荣程度。然而，随着城市的不断发展，人们逐渐认识到城市文化和城市形象重要性，城市户外公益广告也越来越多地出现在我们的身边。公益广告是不以营利为目的，宣传和传达有益社会观念的广告活动。公益广告的主题具有社会性，一般是人们普遍关注的社会问题，公益广告不但能引导人们树立正确的世界观、人生观和价值观，同时也是展示城市风貌、文化和品位的重要窗口，对塑造城市形象和增强城市凝聚力具有积极的作用。一个城市公益广告的数量和品质不仅能起到美化城市环境的作用，从某种程度上也反映了城市的精神文明水平。

从当下中国城市的户外公益广告设计现状来看，整体水平不高，制作粗糙，缺乏创意和构思，大多是口号式、警示性标语，配图简单并以拼接较多。公益广告的设计需要发挥图形的优势，从创意入手，结合当地特色文化进行有针对性的设计。优秀的公益广告作品，不仅能给人们以很好的教益，引起公众的内心情感共鸣，更是现代文明城市中不可或缺的文化元素。公益广告作为传播城市文化和城市精神的重要载体，在城市形象的塑造和精神文明建设中起着"润物细无声"的作用。

## 2. 城市店面招牌设计

店面招牌的设计尽管是城市设计中的细微环节，但却起着举足轻重的作用，是人们对一个城市形象最直观的感受和判断。中国当前许多城市的店面招牌设计并未引起足够的重视，店面招牌所带来的视觉污染较为严重。城市店面招牌作为城市形象的重要组成部分，其功能早已不只是单一地传递所售商品信息，还能起到引导消费、给顾客留下深刻印象的作用。优秀的店面招牌设计不只是简单的信息传达，也不是图形、文字和色彩等视觉元素的简单设计，需要深刻理解企业文化和商品特点，甚至所在街区和城市的特色和文化，在此基础上对图形元素进行挖掘提炼，对文字和色彩进行有针对性的设计，只有这样，才能给消费者以视觉美感，才能凸显店招文化。"传统招幌的传承与再设计，应基于城市历史文化和民俗风情，既要研究传统招幌在现代的实用功能设计，又要从艺术形式、文化语意、文化精神方面进行研究。"❶城市店面招牌最终是通过设计作品的形式呈现给大众，每一个店面招牌都应该是一件艺术作品，都有其独特性，体现出差异化的美感和特征。

在整体统一中彰显个性是店面招牌设计的基本要求，店面招牌设计不同于普通的平面视觉设计，它还属于环境设计的范畴，店面招牌并非独立存在，它们处于一定的城市空间和街区中，必然会受到空间和环境的制约。在进行店面招牌设计时，首先需要进行实地考察，了解街区特色和城市文化，考虑如何使店面招牌设计在体现店铺和商品特色的同时更好地融入环境空间中，如何使作品更好地体现城市的特色和文化。

中国店面招牌文化博大精深、源远流长，为我们留下了丰富的文化遗产，每一个幌子和招牌就是一段历史、一段故事，背后蕴含着生动的市井生活和文化。面对当下城市的店面招牌设计现状，可以从"形"与"意"两方面入手，从传统店面招牌中汲取营养并继承发展。中国历代流传至今的店面招牌形式各异，蔚为大观，难以尽数，传统店面招牌"形"的丰富性是现代店面招牌造型设计用之不竭的源泉。设计师在对"形"的研究基础上，对其中造型元素进行提炼、设计，使之更好地符合现代审美，融入具体的城市街区和环境，打破当下形式单一的店面招牌设计格局。传统店面招牌的魅力不仅仅只在于"形"的丰富性，其中所蕴含的"意"才是根本。我们需要深入研究传统店面招牌"形"背后的"意"，比如，传统店面招牌中的吉祥寓意和对美好生活的向往同样也契合现代人对生活的态度

---

❶ 陈旻瑾. 从文化人类学视角解析中国传统招幌设计[J]. 艺术百家，2013（05）：229-230.

和理想的追求，把"意"转化为设计图形背后的情感和文化。优秀的店面招牌设计能吸引人的驻足，从而对商品产生兴趣，引起购买欲望。店面招牌设计的质量不仅能传递城市文化，还对构建城市视觉秩序起到极其重要的作用，能很好地塑造城市形象，因此，对店面招牌的设计品质就提出了更高的要求。

## 五、城市公共艺术设计

不可否认，随着社会的不断发展和城市化进程的深入，城市公共艺术作为城市形象和城市文化的重要载体，已不能适应时代的发展要求和人们日益增长的精神文化需求。从形式角度来看，城市公共艺术已从传统的城市雕塑和壁画转向当代装置、城市小品、新媒体艺术、景观艺术等全新的艺术面貌，形式的多样性为城市公共空间的丰富性提供了更多的可能。从空间美学的角度来看，城市公共艺术从建筑和广场的附属品向具有独立的审美价值和艺术优势转变，同城市建筑共同成为构建城市形象和传达城市文化的重要组成部分。

### 1. 城市公共艺术的设计原则

城市公共艺术不同于其他传统艺术门类，由于其公共性的艺术特征并存在于特定的城市公共空间，创作者的设计思维应从个人转变为公众，从传统的较为封闭的空间转变为公共空间，因此，其设计和创作应遵循城市空间公共艺术设计的基本原则。

首先，城市公共艺术设计应遵循公众参与的原则。"公共性"是城市公共艺术的最主要特征之一，公众的参与也是公共艺术设计的首要原则，失去了公众的参与，公共艺术就失去了意义。在公共艺术创作中，应深入城市中居民的日常生活，与他们产生共鸣，让更多的人自觉参与到设计活动中，成为公共艺术的参与者。中央美术学院王中团队在创作公共艺术作品《北京——记忆》（图 5-3）时，就充分遵循了公共艺术的"公共性"特征，让每一个市民成为艺术的直接参与者。《北京——记忆》作品位于北京地铁 6 号线南段的南锣鼓巷站厅层，"《北京——记忆》的整体艺术形象由 4000 余个琉璃铸造的单元立方体以拼贴的方式呈现出来，用剪影的形式表现了具有老北京特色的人物和场景，如街头表演、遛鸟、拉洋车等。有趣的是每个琉璃块中珍藏着由生活在北京的人提供的一个老物件，比如一个纪念徽章、一张粮票、一个顶针、一个珠串、一张黑白老照片，等等。

这一个个时代的缩影，在不经意间勾起了人们对北京过往岁月的温暖回忆。"❶而且每一个琉璃块中都有一段跟北京有关的故事，公众可以通过扫描二维码阅读每一个物件的介绍以及其背后的故事。因此，这件公共艺术作品不仅在创作的过程中强调公众的参与性，作品完成后同样注重公众的参与，让公众对北京有了更为深入的了解，并产生自豪感和归属感。

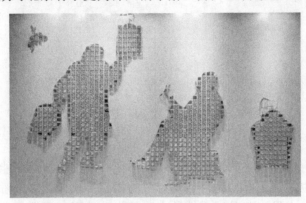

图 5-3　《北京——记忆》局部

　　其次，城市公共艺术设计应遵循与环境相融合的原则。环境是公共艺术的载体，优秀的公共艺术作品一定是与环境相协调、相融合的，并成为城市环境的有机组成部分。因此，艺术家或设计师在进行公共艺术创作时，首先要了解作品将要置于的空间环境和周围环境，使作品、环境和公众三者形成一种良好的互动关系。《杭城九墙》（图 5-4）这一作品系统反映了公共艺术与杭州地域环境的完美契合。《杭城九墙》是中国美术学院公共艺术学院院长杨奇瑞教授为杭州南宋御街改造的一组公共艺术作品，它不同于一般的公共艺术作品，没有特别显眼的标志，通过精心打造的九面土墙重现老杭州人的生活场景。这一系列作品整体色调比较复古，墙上镶嵌着从老杭州人家里觅得的一个个老物件，完全融入南宋御街的古色古香的环境之中，九墙的边上还有绿植掩映，与周围的自然环境协调呼应。《杭城九墙》作品不但体现了独特的杭州历史和文化，更是公共艺术作品与环境相融合的典范。

　　再次，城市公共艺术设计应遵循地域文化性原则。城市公共艺术作品不同于一般的城市景观，它更强调作品的地域文化性，通过特有的地域文化来营造城市环境。每一座城市都有自己的特色和文化，在进行公共艺术作品创作时应根据当地的历史文化、生活习俗和人文背景等来塑造公共艺

---

❶ 王中. 公共艺术概论[M]. 2 版. 北京：北京大学出版社，2014：398-399.

图 5-4　《杭城九墙》局部

术作品，只有这样，公共艺术作品才能体现其个性特征，才能更好地传递地域文化，也才能更好地满足当地市民的情感需求。北京天桥的著名公共艺术作品《八大怪》就是城市地域文化的生动体现，天桥是历史上老北京平民阶层的典型活动区域，逐渐形成了独特的天桥平民文化，清末民初著名诗人易顺鼎在《天桥曲》一诗中写道："酒旗戏鼓天桥市，多少游人不忆家。"生动地反映了天桥商业和文化娱乐的繁荣。历代北京的艺人们喜欢在天桥摆摊卖艺，"天桥艺人"成为老北京的一大特色。《八大怪》群雕从历代天桥卖艺的艺人中选出八个最具有代表性的人物进行刻画、创作，人物形象栩栩如生，生动传神。这一组作品反映了天桥特有的地域文化，在体现本土特色的同时还能做到对历史文化的传承。

### 2. 城市公共艺术设计案例

　　尽管我国城市公共艺术设计整体水平还不高，但经过几十年的发展，也出现了不少优秀公共艺术设计作品，其中《深圳人的一天》就是其中之一，这一组作品曾于 2004 年获建设部、文化部十年一度的"全国城市雕塑优秀作品特等奖"；2009 年又获住房和城乡建设部"新中国六十年 100 件优秀雕塑"的殊荣。回首 20 多年前城市公共艺术雕塑作品《深圳人的一天》，对中国城市当下的公共艺术设计仍然具有一定的指导意义。

　　《深圳人的一天》坐落在深圳园岭社区公园内，是由深圳雕塑院和加拿大威杨建筑与规划设计顾问有限公司联合创作而成，《深圳晚报》的记者也参与了该项目，作品是由 17 座人物雕像和 4 块图文浮雕组合而成的一组群雕。1999 年 11 月 29 日，由雕塑家、文字记者和摄影记者共同组成的 4 个寻访小组走上深圳街头，随机寻访了 19 个来自不同职业、不同社会阶层的普通人群。"经过认真研讨，预选对象被确定为 19 种人，分别是：中学生、银行职员、炒股者、医生、外国人、中国香港企业家、保险业务员、求职者、酒楼咨客、休闲的女人、包工头、公务员、清洁工、幼儿、内地来深的退休老人、打工妹、设计师、教师和巡警。之所以选这些人，是因为他们最能代表当时深圳的城市特征，他们的日常生活就是这座城市的日常生活，他们的梦想构成了这座城市的梦想。"❶后来男巡警和女教师由于家人的反对退出了雕塑展示。雕塑家把随机选定的人群通过写实的手法直接翻制成等大的青铜人像，各个人物形象栩栩如生，而又各具形态。这组作品如实地记录了深圳平凡的一天和每一个看似平凡的普通人，为他们不懈努力和积极进取的精神状态留下来鲜明的印记。

二十多年前，《深圳人的一天》用了一种全新的雕塑观念，让公众成为艺术的主角，直接参与到雕塑创作中，把公共艺术的"公共性"体现得淋漓尽致。这件作品置于深圳园岭社区公园这一空间中，每一个普通市民都可以与之亲密接触，增强了公共艺术的公众参与感。深圳由于历史较短，但在几十年的快速发展中却创造了自己的文化和历史，"作为一件艺术品，《深圳人的一天》突出了这一充满朝气、积极向上的一面，把普通市民平凡的生活'铭刻'在青铜之上，留下这座城市'今天'的记忆，又为这座城市树立了未来的'历史'。"❷因此，《深圳人的一天》这一公共艺术作品不仅体现了公共性特征，并把普通人雕塑置于社区公园中，与空间环境相融合，还深刻地反映了深圳的城市文化，已成为深圳的一道风景、一张城市名片，向人们倾诉着当年这座城市的故事。

## 六、城市照明设计

城市照明不仅有为人们提供安全需要的功能性特征，还是发展城市经济和塑造城市形象的重要手段。在科学、合理的照明规划基础上进行城市照明设计可以最大限度地发挥照明的积极作用，可以有效地减少城市光污染，为人们营造良好的居住环境和生态环境。优秀的照明设计必然是功能与审美的统一，是光与环境的统一。对于城市照明设计而言，并非通过加

---

❶ 李晶川. 《深圳的一天》真实记录时代[N]. 深圳晚报，2019-11-26.

❷ 吴雪莲. 中国当代公共艺术的两难境地——以《深圳人的一天》为例[J]. 文艺研究，2011（5）：146-147.

强照明来创造更多的视觉信息，适度照明反而更有利于发现和创造更为丰富的信息，给人们带来更舒适的生活环境。

## 1. 照明设计的形式与秩序

在城市照明设计中，"形式追随功能"的原则同样适用，功能性是照明设计的前提，即便是以景观为主的照明首先也是为了让公众更好地获取照明周围环境的信息，这种信息的获得同样具有功能性。然而，随着人们对照明设计的要求越来越高，城市照明早已不是单纯的功能照明，需要通过专业照明设计师根据审美原则组织环境的空间形式，进行视觉艺术的布局，让人们在获得功能信息的同时具有审美体验。"高质量的照明在满足了人们的'生理需求'和'安全需求'的同时，许多事物中更为细腻的形式也同时展现在人们的眼前，才有机会为人们呈现更为广阔的欣赏机会和审美体验。"[1]对于照明设计而言，光影通过投射的建筑或景观表现出诸如对比、统一、节奏、韵律等具有形式美的环境景观，通过点、线、面的视觉元素为人们营造出具有审美价值的空间和场所，并使得建筑或景观的结构更为清晰。在复杂的城市照明设计中，应注重视觉落脚点和视觉中心的把握，通过视线进行城市视觉扫描时，照明所体现的视觉中心往往与城市文化的重要节点相吻合。

城市照明设计，最让人惊艳的莫属 2016 年 G20 杭州峰会期间的钱塘江夜景灯光（图 5-5），整个灯光秀通过"城之魂""水之灵""光之影"三个部分完美地展示了"中国气派、江南韵味、杭州元素、新城特色"这一主题，用光影向人们展现了杭州的城市形象和历史文化。钱塘江夜景灯光通过对钱塘江两岸的照明进行设计和升级，描绘出一幅"钱江夜曲"的璀璨画卷，对包括杭州大剧院、杭州国际会议中心、市民中心以及钱江新城的核心区三十多幢建筑外立面设置景观灯，通过建筑本身错落有致的天际线进行灯光设计，形成了水波环绕的流动画面，独具匠心的灯光设计给人们以近乎完美的审美体验和视觉感受。

城市照明设计应做到功能与审美的统一，即在功能照明的基础上通过形式美法则塑造景观装饰效果，达到功能照明与景观照明的统一。照明设计师可以通过合理的功能照明灯光设计，在满足区域空间环境的功能性照明指标相关要求的同时，建立适宜的光影关系，展示其形式美感，强化空间载体的结构特征、材质肌理和造型变化等的夜间视觉表达，从而对区域整体夜景形象塑造起到一定程度的景观装饰作用。"光具有一定的装饰功

---

❶ 杜异. 大众审美与城市照明设计[J]. 装饰，2015（03）：27-31.

能，即使照度、亮度、色温、配光角度等等当中某一项进行微妙变化，便可创造出截然不同的视觉形式，结合一些点、线、面和色彩的纯形式组合，就会呈现出丰富的表现力和不同的感情色彩。"❶因此，夜间照明设计可以通过有秩序的形式在确保照明功能的前提下进行艺术设计，增强城市空间的层次感，创造出或温馨、或宁静、或活泼、或浪漫的情调和氛围，在塑造城市形象的同时为人们的夜间生活环境增添丰富多彩的情趣。

图 5-5　钱塘江夜景灯光

### 2. 照明设计的色彩美

色彩是照明设计的主体，它能让城市空间变得绚丽多彩、色彩斑斓。人们通过灯光的变化感受色彩的美感，满足他们的视觉感受与精神需求。灯光的色彩设计同样遵循着一定的视觉规律和审美法则，其表现出来的色彩的规律感和秩序感能更好地塑造城市视觉形象，也能使人们得到更好的审美体验和视觉享受。因此，在城市照明设计中，如何科学地、艺术地应用色彩就变得尤为重要。

照明色彩设计应遵循对比与统一的形式美法则。城市照明色彩可以分为主体色、辅助色和点缀色，主体色决定了城市环境的总体色彩氛围，在主体色的基础上进行照明色彩设计，可以体现出城市的整体美。辅助色和点缀色是对主体色的调节和补充，使得城市照明色彩具有丰富性和层次感。色彩的对比很大程度上来自于主体色和辅助色、点缀色之间的对比，体现在色相、明度和面积等方面，一般来说，点缀色的面积小、明度高，视觉凸显性较强，更能增加城市的活力。因此，在进行灯光色彩设计时，要充分考虑到环境与色相、彩度、明度以及面积之间关系的处理。位于嘉定新城远香湖畔的上海保利大剧院（图5-6），其建筑外墙的灯光照明设计很好

---

❶ 杜异. 大众审美与城市照明设计[J]. 装饰，2015（03）：27-31.

地诠释了色彩美带给人们的视觉享受。其照明设计理念来源于"建筑与自然的对话",在设计的过程中,充分考虑建筑的空间环境,通过灯光设计把"建筑"与"水"融为一体,达到虚实掩映,营造出"月光如水"的审美意境。建筑外墙灯光的主体色采用了偏冷的白色,而建筑中圆筒形空间的辅助色彩选用了暖色调的黄色,灯光柔和,与主色调形成对比而又不突兀,用少量的光照亮建筑边界,突出建筑的整体外形轮廓,整体色调安静而温暖。在照明设计中,选取合适的照度,采取适当的亮度分布,更好地达到照明的均匀性,杜绝眩光污染的出现,完美地实现了通过灯光达到色彩的变化。整个建筑外观的灯光色彩设计在水体的衬托下,呈现出万花筒般迷人的空间和倒影,使得保利大剧院犹如出水芙蓉般清新靓丽,给人们带来了浪漫与现实的视觉体验和审美感受,也为远香湖畔增添了一道璀璨的夜间美景。

图 5-6　上海保利大剧院

# 第四节　设计师的责任与能力

对于当下中国城市的视觉污染而言,设计师具有不可推卸的责任,大到城市规划设计和街区设计,小到城市的户外广告和店面招牌,设计师的参与理应设计出高品质的作品,然而,现实情况却不容乐观,需要设计师具有更强的设计能力和社会责任意识。一名合格的设计师必须对其所设计的作品在职业上、文化上和社会中对公民带来的影响负责。对于城市形象建构而言,设计师的作品应为更好地塑造城市形象和提高公众的审美水平负责。设计师只有具备了社会责任和较强的职业能力,才能真正设计出促进社会发展和为人们服务的好的设计作品。设计师的社会职责对城市视觉形象的设计具有明确的引导作用，以设计作品提升城市形象，服务人们的生活，服务于城市的健康发展。

## 一、设计师的社会责任

设计不是设计师的自我表现，而是有目的的社会行为。设计师的作品在传递信息或解决问题的同时还应受到社会的限制，应为社会的可持续发展服务。20世纪60年代，美国著名设计理论家维克多·帕帕奈克在其《为真实的世界设计》一书中就提出了设计伦理的观念，他指出：设计应该为广大人民服务；设计不但应该为健康人服务，同时还必须考虑为残疾人服务；设计应该认真考虑地球的有限资源使用问题，应该为保护地球资源服务。而对于城市视觉形象而言，设计作品是塑造城市形象和传递城市文化的重要载体，设计师不应成为城市视觉污染的制造者，因此，设计师的社会责任就变得尤为重要。

### 1. 为大众的设计

城市视觉形象设计不同于其他设计，其受众极为广泛，包括生活在城市中的每一个人，还具有被迫接受和潜移默化的特点，因此，设计师所负的社会责任非常重要。城市是人们精神的家园，城市视觉设计在创造城市个性和风格的同时，创造着人们的心灵归宿场所，使人们真正实现诗意的栖居。

对于户外广告而言，设计师需要树立为大众设计的理念和社会责任，只有这样，才能从源头上有效减少户外广告的视觉污染。一方面，设计师在进行画面设计时，不仅要考虑到信息的准确传递和本身的创意，更需要有某种责任，不能把广告信息内容强加给大众的同时完全不顾大众的视觉感受和心理感受。设计师需要在户外广告呈现和大众心理之间寻求平衡，从广告的创意到画面色彩的搭配，从版式设计到画面制作等方面，都应该充分考虑大众的视觉心理，真正做到在准确传达广告信息的同时给大众以审美的享受。另一方面，户外广告进行户外设置时同样需要做到为大众而设计。"部分户外广告设置的无序，不仅没有起到调节大众视觉、优化视觉环境的作用，反倒加剧了城市视觉秩序的恶化，扰乱了人们的生活工作环境，使得人们对户外广告产生反感。"❶因此，户外广告的设置，不仅要考虑环境的因素，同样不能忽视大众的视觉感受。设计师通过构建城市户

---

❶ 马泉. 城市视觉重构——宏观视野下的户外广告规划[M]. 北京：人民美术出版社，2012：126.

外广告的视觉秩序来提升城市的视觉品质和大众的审美愉悦。

当下城市的视觉污染，除了户外广告以外，光污染同样对人们的日常生活产生了很大的困扰，甚至已经危害到人们的身心健康，因此，在照明设计中，设计师有责任贯彻为大众的设计理念，进行科学、合理的灯光设计。照明设计应在符合功能要求的基础上站在大众的视觉角度进行设计，满足大众从功能需求向精神需求的转变。照明设计应充分考虑大众的健康需求，不合理的照明设计容易导致诸如眩光等问题，刺激大众的眼球，使人们生理产生不适，长此以往将会影响大众的健康。比如，设计师可以通过照明色彩的和谐来调节大众的精神状态和心理状态。有研究证明，人们的精神健康和行为都极大地依赖色彩的平衡，色彩能够起到激发、抚平、平衡、激励的作用。因此，设计师在灯光设计时需要转变观念，从一味地追求亮和规模转变为遵循"适度设计"和"健康设计"的原则，为大众营造赏心悦目的灯光氛围，让大众欣赏灯光艺术之美。

城市是人的城市，在进行设计时一定要注重人的生活需要和情感需要。城市设计不只是设计城市的物质空间，更应该注重大众的心理空间。比如，盲道的设计，是最能从细节方面体现出人文关怀的。优秀的设计作品应该着眼于大众的生活，为大众服务，使他们的生活变得更美好。对于城市视觉设计而言，设计师应该关注城市中的每一个人，每一件设计作品对大众都将产生一定的影响，因此，为大众的设计应该是每一位设计师的追求，也是每一位设计师应有的社会责任。

## 2. 为城市的设计

中国城市的高速发展使人们的生活质量得到了极大改善，给人们带来了前所未有的现代化城市生活，但过多的人为干预和城市的过快发展所带来的问题同样值得我们反思。城市有其自身的发展规律，不以人的意志为转移，设计师在进行城市设计时应该认识、尊重、顺应城市的发展规律，转变设计观念，从传统的"设计城市"到"为城市的设计"。"为城市的设计"理念，要求设计师聚焦城市发展中的问题，站在城市的角度，通过优秀的设计作品改善城市视觉污染，塑造城市形象，为城市的良性发展尽一份社会责任。

"为城市的设计"理念，要尊重城市的历史和文化。每一个城市都有自己的历史和文化，城市也正是由于其不同的历史和文化而彰显出其魅力，然而，在快速城市化的过程中，不少城市对曾经辉煌的历史和灿烂的文化缺乏应有的尊重，在拆建的过程中不断消失，使得不少城市徒有其表，缺乏自身的特色和文化。设计师在进行城市形象设计时，有传承城市历史和文化的责任。比如，杭州城市 LOGO 的设计就充分体现了对杭州历史和文化的尊重，把杭州传统的城郭、园林、建筑、拱桥等特色元素融入标志设计中，也是对杭州历史文化很好的传承。北京城市色彩定位为"丹韵银律"同样是从北京的历史、人文、地理和民俗等角度出发，融入现代北京城市色彩文化进行设计，也是对北京历史和文化的生动阐释。

"为城市的设计"理念，要尊重原有的城市结构和肌理。在城市的发展过程中，设计师应顺应自然，早在两千多年前的管子就提出"城郭不必中规矩，道路不必中准绳"的城市设计应顺应自然的理念。在城市规划设计中，应尊重城市的自然形态和原有的城市肌理，不应追求千篇一律，更不必为了刻意追求形式美，而忽视了城市的自然规律和内在价值。重庆由于特殊的地理位置和地形地貌应呈现出不一样的设计理念，长江和嘉陵江穿城而过，缙云山、中梁山、铜锣山、明月山被称为重庆主城四山，丰富的山山水水形成了重庆独特的城市格局和肌理，设计师在进行总体规划时，乱中求序，保护城市特有的山水格局，尊重重庆城市原有的结构和肌理，让居民望得见山、看得见水、记得住乡愁，塑造重庆特有的城市精神。

"当然对于城市家园的美好构思和营造并非始于人类的近现代，自人类走出类人猿的行列，城市就已经在人类的灵魂深处酝酿，城市历经世事沧桑伴随人类文明的演进而进化，越发闪耀出人类智慧的光芒，无论是密集型还是分散型城市，也无论现实的还是虚拟的城市，城市将永远赋予人类永恒的骄傲和护佑，这就是城市。"❶因此，设计师在进行城市设计时应贯彻"为城市的设计"理念，根植于城市的历史和文化，立足于城市的结构和肌理，着眼于城市的发展和未来，塑造有特色的魅力城市。

### 3. 为未来的设计

城市是地球生态系统的重要组成部分，既是生长的有机体，不以人的意志为转移；又是设计的结果，通过设计师的介入让城市变得更好。"为未来的设计"需要设计师秉持可持续发展的设计理念，通过设计的力量从源头上有效杜绝导致城市视觉污染问题的作品出现，通过设计的力量创造一个更美好的城市和未来，为人们营造诗意栖居的城市环境，更好地展示人类与生生不息的地球之间丰富而和谐的联系。

在城市照明设计中，设计师应充分考虑能源的消耗和生态环境问题，而当前城市较为严重的光污染跟设计师的设计有一定的关系。为了保护生

❶ 张鸿雁. 城市·空间·人际——中外城市社会发展比较研究[M]. 南京：东南大学出版社，2003：29.

态的平衡，往往需要对城市照明进行分区域规划和设计，其中生态敏感区是城市内极易受到人为不当开发活动影响而产生生态负面效应的区域。针对该类地区的城市照明设计，除需考虑城市夜间形象展示和公众的夜间活动需求外，还应重点关注城市生态保护的需求，原则上应尽可能避免在该类地区进行城市照明建设，从而避免各类光生态破坏和污染的发生，避免由于灯光吸引导致夜间公众过度使用该类空间而对区域的生态保护产生不利影响。

随着城市的不断发展和人口的日益增多，对于城市环境和资源的保护是每一位设计师应有的社会责任，城市的发展要求设计师不能一味地追求视觉效果而对材料和资源的浪费视而不见，可持续发展的设计理念应贯穿设计作品的始终，努力在环保、节能和保护生态方面做出应有的贡献。"可持续发展的时代会给设计师提供施展自身才能的最后机会，他们不用再屈尊去制造仅仅为了获利和美观的产品，而是被鼓励去幻想未来。"❶因此，"为未来的设计"是每一个设计师的社会责任。

## 二、设计师的职业能力

要从设计的源头上杜绝导致城市视觉污染作品的出现，与设计师的职业能力有着密切的关系。优秀的设计师通过设计作品向人们准确传递信息，提高人们的审美能力，塑造美好的城市形象，传承城市的文化。城市设计是一项系统工程，城市视觉设计同样也涉及面较广，城市规划设计师、城市建筑设计师、城市平面设计师、城市灯光设计师、城市景观设计师等各个门类的设计师共同塑造着城市的视觉形象。每一类设计师都有自己特有的职业能力和素养，但同时也应具备一些共同的职业能力，下面从思维能力、观察能力、专业能力和审美能力四个方面分别论述城市设计师的职业能力。

### 1. 设计师应具有创造性思维能力

创意是设计的灵魂，创意的产生要求设计师必须具有较强的创造性思维的能力。而从目前的城市视觉设计现状来看，大量的模仿、拼凑甚至千篇一律的设计充斥着城市的各个角落，创造性思维能力的缺乏可以说是当下中国设计师最为普遍的问题。创造性思维能力并非一朝一夕可以获得的，

---

❶【美】史蒂芬·海勒，薇若妮卡·魏纳. 公民设计师——论设计的责任[M]. 滕晓铂，张明 译. 南京：江苏凤凰美术出版社，2017：324.

它依赖于我们的设计教育，依赖于我们的社会环境，同样需要设计师自己不懈的努力和点滴的积累，需要多看优秀的设计作品，需要更多的思考和更广泛的涉猎，进而不断提高自己的创造性思维能力。

对于设计师而言，设计思维至关重要。设计思维是一种特殊的思维方式，设计师需要从人的需求出发，通过有创意的想法解决人们生活中遇到的实际问题。传统的设计思维是先发现问题，从发现的问题出发构思解决问题的想法，然后通过设计策略解决问题。随着社会的不断发展，人的情感因素越来越被设计师所重视，成为设计思维的重要环节。IDEO 设计公司提出了著名的设计思维框架，形成了新的设计思维模型：同理心—需求定义—构思方案—原型设计—测试。与传统的设计思维相比，新的思维方式增加了同理心，同理心又称为共情，即设计师应以人为本，深入了解用户及其需求，甚至是跟用户在一起，观察用户使用产品的状态细节。同理心有助于设计师站在受众的角度发现问题，真正做到以人为本，并提出解决问题的最佳方案。

设计师的创造性思维能力对于城市视觉形象设计同样重要，每一个优秀的设计作品都是设计师创造性思维能力的生动体现。比如，重庆的城市标志确定为"人人重庆"（图 5-7），体现出"人人爱重庆，重庆爱人人"的深刻内涵。标志取自于"双喜重庆"的历史由来，由两个欢快喜悦的人叠加组成一个"庆"字，既体现了"以人为本"的时代精神，又表现了重庆人的"广""大"的胸襟和拼搏精神；两个人分别用红色和橙色，红色代表了红岩革命精神，橙色象征现代重庆的朝气和活力，传统与现代进行了很好的融合。整个标志创意新颖，构思巧妙，反映了重庆的特色和文化，也体现了设计师较强的创造性思维能力。

图 5-7 重庆城市 LOGO

### 2. 设计师应具有敏锐的观察能力

每个人都具备一定的观察能力，但大多数仅仅限于"看到"，设计师不同于普通大众，不只是"看到"，更重要的是"思考"。对于设计师来说，观察是一个从看到到思考再到认识和实践的过程，是从生动的直观到抽象的思维过程，并从抽象的思维到实践，这就是认识真理、认识客观现实的辩证的途径。因此，设计师应具备敏锐的观察力，在观察中发现问题、思考问题、解决问题。在当今信息泛滥的时代，城市户外广告要想吸引受众的注意变得越发困难，IBM 联合奥美广告公司另辟蹊径，策划了一系列户外广告（图 5-8），他们通过观察发现城市里的人们在逛街走累了的时候或者偶尔遇到下雨的情况，都希望能尽快找到休息的地方或者避雨，而路边这样的地方并不多，设计师通过敏锐的观察力发现了问题，并进一步思考如何通过自己的设计解决问题。于是出现了较为经典的系列户外广告：把广告牌的下沿弯曲变成了街边供人们休息的长椅，把广告牌的上沿弯曲变成了遮雨棚，把广告牌折叠变成了方便拉杆箱通行的斜面坡道。这一系列户外广告设计受到了大众的广泛好评，负责创意设计的奥美广告公司也因此获得了戛纳广告节的金狮奖。因此，敏锐的观察能力是设计创造的前提和基础，城市设计师通过观察思考解决城市问题的设计方案，让城市生活更加便利和美好。

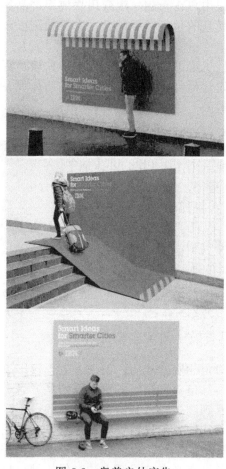

图 5-8　奥美户外广告

设计师敏锐的观察能力在于对细节的发现，以小见大，通过细致入微的观察引起设计师的好奇心，激发设计师的创作欲望。敏锐的观察能力还包括对未来设计的预见性能力，通过对当下设计所存在的问题以及设计的发展趋势的观察，能较为准确地预见设计的未来发展。作为一名城市设计师，不但设计城市的现在，更应该关注城市的未来，为未来而设计，承担着引导时尚的责任。

### 3. 设计师应具有较强的审美能力

每个人对美都有一定的感知能力，但对美的感知能力有层次之分，获得美的享受也有深浅之别。一般来说，设计师的审美能力和大众的审美能力有着明显的区别，设计师必须具有较强的审美能力，其中包括敏锐的观察能力、丰富的想象能力、灵活的构思能力，在综合审美方面能领先于他人。技能决定下限，审美决定上限，设计师的审美能力直接决定了设计作品的品质，城市视觉设计师不仅通过自己的设计解决实际问题，还应该通过设计给人们带来审美的愉悦。

审美能力较为薄弱是当前城市视觉设计中的普遍问题，提高设计师的审美能力已变得刻不容缓。审美能力提高的途径是多方面的。首先，要多看，多看设计师和艺术家的优秀作品，特别是大师的作品，在对经典作品的欣赏和熏陶中不断提高自己的审美能力；多看还包括对自然界和日常生活的观察，从一朵花、一棵树中感受大自然的美，从生活中的点滴发现美。其次，要多思，思考和分析优秀作品的特点，包括空间的把握、版式的设计、色彩的搭配、设计师的表现手法等各方面的分析，通过深入思考和分析才能真正掌握形式美法则的运用。然后，要多练，通过自己设计作品的不断练习找出所存在的问题，从图形的设计到色彩的搭配，从元素之间的关系到字体的选择，从空间关系的分析到材料的运用，在大量作品的不断练习中提高设计师的审美能力。最后，要多行，通过多行增加阅历，提高眼界，感受各座城市的魅力和特色，欣赏一幅户外广告的创意美、一座城市雕塑的艺术美、一个城市色彩的和谐美、一块店面招牌的形式美，在多行中不断提高设计师的审美能力。

# 第五节 多方参与的协同管理

对于城市视觉污染的治理，不仅需要在城市文化基础上的科学、合理的城市规划，也不仅需要优秀的城市视觉设计，还在于规范化、人性化的城市管理。城市管理是一项复杂的系统工程，所谓"三分建设，七分管理"，也说明了城市管理的复杂和难度。在中国快速城市化的过程中，"先发展，后治理"的现象较为突出，具体到城市视觉形象，同样存在着重建设轻管理的问题，使城市形象的建设与管理脱节，严重制约了城市形象的建构。城市管理是城市整体发展的推动力，是城市有效运行的调控机制和保障，也是塑造良好城市形象的有效手段。法律法规的完善是城市形象管理的前提，职能部门、行业协会和公众的多方参与是城市视觉形象管理的保证。通过构建多方参与的协同管理模式，能有效地解决城市视觉污染问题，为人们的生活营造诗意的栖居环境。

## 一、城市视觉形象管理的原则

管理是治理城市问题的重要手段，也是提升城市形象的主要方式之一。城市视觉形象主要表现在城市建筑、城市色彩、城市的户外广告、城市的景观空间以及城市公共艺术等方面，而这些方面又与设计和艺术有着密切的联系，因此，城市视觉形象的管理不同于一般的城市管理，有其特殊性。城市视觉形象管理既是一门技术，又是一门艺术，管理者必须遵循一定的管理原则。

### 1. 以人为本的管理原则

人是城市的主体，城市建设围绕人而展开，《国家新型城镇化发展规划（2014—2020年）》最大的亮点是以人为本，体现的核心要义是"人的城镇化"。因此，城市视觉形象的管理要坚持以人为本，以城市视觉环境为中心。城市管理的终极目标是为人们塑造一个舒适、宜居的城市环境，让市民有安全感和归属感。而城市视觉形象的管理是通过为城市营造良好的视觉秩序，让人们在城市环境中处处发现美、处处感受美，使城市变得悦目、悦心。

比如，不少商家在设置户外广告牌和店面招牌时由于不了解相关政策法规而导致随意性较大，对城市空间和环境造成一定的破坏，传统的管理方式往往是因为不符合市容管理标准而被拆除，不仅浪费了资源，还会让商家产生抵触情绪。以人为本的管理可以采用"前置式"和"人性化"相结合的管理方式，在商家设置户外广告牌和店面招牌之前，管理人员主动上门沟通，普及户外广告设置相关政策，提醒商家先审批再设置的流程，对户外广告的设置标准、尺寸要求、审批流程以及安全管理等注意事项对商家进行细致的解释说明。管理人员对于户外广告的管理从原来的以处罚为主的"事后执法"转变为"事前介入"，提高商家的自律意识，不仅节约了人力和物力成本，还给商家设置户外广告提供了便利条件，避免了抵触情绪。管理人员从被动管理到主动服务，从末端执法到源头治理，真正体现以人为本的管理原则。

城市视觉形象管理遵循以人为本的原则，要求管理者不应一味追求城市美化和亮化而牺牲市民的利益，而应从人们的生活需求和环境需求入手，为人们营造舒适的生活环境和居住环境。对于城市的不合理照明设计，特别是居住区的户外广告和店面招牌的夜间亮化，已形成了较为严重的光污染，影响着人们的居住生活和夜间睡眠。管理者应加强管理力度，严格执法，对影响人们身心健康的光污染零容忍。当然，在管理方法上，可以约谈广告主，使其限期整改。因此，城市视觉形象管理应一切为了人民，最大限度地满足人的需求，有益于人的身心健康，总之，贯彻以人为本的管理原则，一切从人的需要出发。

### 2. 系统化管理原则

城市视觉形象设计是一项系统工程，从城市形象的定位到城市色彩的规划，从户外广告的设计到城市景观照明布局等无不体现了城市文化和城市特色。城市视觉形象的管理同样也是一个系统工程，其管理门类的复杂性和特殊性要求必须在统一规划指导下进行统一的系统化管理。城市视觉形象的系统性也要求城市视觉形象管理的系统化，系统化管理是围绕城市形象的战略发展目标展开的，整合和运用各种资源和手段，对城市的整体视觉形象进行管理，以达到形成良好的城市视觉秩序的目的。

对城市视觉形象系统化的管理，保证了城市视觉形象的统一性和整体性。一方面，要有系统化的管理制度。制度是管理的依据，系统化的管理制度保证了城市视觉形象实施过程中目标的整体性和一致性。另一方面，要有系统化的管理方法。比如，城市的色彩定位保证了城市色彩运用的规范性，城市建筑、户外广告、店面招牌、公共艺术等涉及到城市色彩设计的部分都应遵循城市色彩的主体色、辅助色和点缀色的应用，因此，在城市色彩的管理方面应强调系统化原则，从宏观上采取统一的管理方法和手段，保证城市形象的统一性。城市视觉形象是在城市定位基础上的城市文化和视觉美感的体现，在系统化的管理中应遵循整体城市视觉美感和凸显城市文化的理念。"系统化管理原则既适应于对城市品牌形象建设实施过

程的管理，也适应于对管理系统内部运行机制和运行体制的管理，是城市品牌形象建设统一性和整体性的保障。"❶

### 3. 个性化管理原则

城市视觉形象的本质就是个性化，决定了城市视觉形象管理的个性化。城市视觉形象的管理不同于城市的一般管理，由于视觉形象与艺术、审美密切相关，在管理的过程中应避免刻板、机械的管理方式。城市视觉形象是城市文化和特色的最生动体现，只有实现城市视觉形象的个性化和艺术化发展，才能有效避免"千城一面"的现象出现。因此，在城市视觉形象管理中，应遵循个性化管理原则，在不违反相关法律法规和确保安全性的基础上，管理者应尊重城市视觉形象的个性化发展。

比如，在店面招牌管理中，由于当前城市店面招牌设置乱象导致各个城市管理部门纷纷出台相关规范店面招牌的规章制度，并采取"一刀切"的方法对所有店面招牌进行统一管理和规范。诚然，城市店面招牌设置乱象确实需要整治，部分店面招牌所存在的安全隐患和视觉污染已对人们的身心健康造成一定的影响，有碍城市形象的塑造。但店面招牌管理应该尊重个性，"一刀切"的刻板管理方式使得城市店面招牌走向了另一个极端，原本希望通过治理来美化和净化城市环境，提升城市形象，最后切掉了一个个鲜活的城市形象，失去了城市美学，变得千店一面，毫无特色。曾经的市井生活正是由于各式各样的店面招牌的存在而变得热闹非凡，而现在许多城市街道由于店面招牌的统一变得冷清了。香港的大街小巷正是由于拥挤不堪、密密麻麻的店面招牌而向世人展现了一个鲜活生动的香港。设置管理规范固然重要，但店面招牌设计正是通过它的实用性和独创性来体现价值，"一刀切"的管理往往会扼杀了设计的多样性，抹除了城市的个性。因此，对于城市视觉形象管理而言，由于其特殊性应遵循个性化的管理原则。

### 4. 法制化管理原则

现代城市视觉形象管理的复杂性决定着管理的法制化。不管是以人为本的管理，还是系统化、个性化的管理都只是管理的手段和措施，而法制化则是通过立法的方式对城市视觉形象进行管理，具有强制性、权威性的特点。"国内外城市管理的实践都证明，城市管理必须依靠法治，不能搞

---

❶ 孙湘明. 城市品牌形象系统研究[M]. 北京：人民出版社，2012：392.

人治。城市的各项管理工作、管理机构、管理方法等都要按一定的制度、法规、程序进行，要依法治市。城市管理的一切活动要纳入法制化轨道，要从根本上消除管理者无章可依、个人说了算的弊端。"❶因此，法制化管理原则是城市视觉污染能够得到有效解决的重要途径，也是建构良好的城市视觉秩序的前提保证。

城市视觉形象的法制化管理对提升城市形象，建设宜居宜业的城市环境提供了坚实的保障。一方面，可以通过法律规范控制城市视觉污染行为的发生，城市视觉污染主要来自于户外广告、城市色彩、公共艺术、照明设计等方面，为了尽量避免"先污染后治理"现象的出现，应该从法规方面对审批环节进行规范管理，使户外广告、城市雕塑、照明设计等依照法律规范进行选址、设计、设置，规范城市视觉形象设计。另一方面，通过法律规范对城市视觉污染进行有针对性的管理，切实有效地解决城市视觉形象建设过程中的实际问题。通过法制化管理，不仅可以增强城市管理者、城市视觉形象的实施者以及城市居民的法律意识，还可以不断提高城市视觉形象的管理效率，有效解决城市视觉污染问题。

## 二、管理制度不断健全和完善

管理制度的健全和完善是进行城市视觉形象管理的前提和保障。城市视觉形象的管理需要一整套合理的、可操作的法律法规和规章制度，使城市视觉形象管理者有法可依、有章可循，进一步规范城市视觉形象，有效制止城市视觉污染的出现。有法可依，还需要执法必严，法律法规重在执行。对于城市视觉形象管理而言，城市建设中出现的违法问题必须要严格执法，有效制止城市视觉形象中违法行为的出现。

### 1. 建立健全相关法律法规

对于城市污染的治理，从宏观来看，中国目前已经从城市的市容市貌和环境保护方面等进行立法，但对于视觉方面的污染还未能引起足够的重视；从微观来看，对于户外广告和城市雕塑已有相关的法律和管理规定，但仍然还不完善，而对于城市色彩、城市公共艺术和城市照明设计而言，国家层面还未有相关法律法规，只是少数城市从专项规划的角度形成了管理的规章制度。因此，总体来看，中国关于城市视觉污染方面的法律法规

---

❶ 朱铁臻. 城市现代化研究[M]. 北京：红旗出版社，2000：641.

还比较匮乏，需要不断完善，才能使城市视觉环境得到健康发展，有利于城市形象的塑造。

比如，在户外广告方面，从国家层面进一步完善《中华人民共和国广告法》和《广告管理条例》，加强修订工作。从 2021 年 4 月 29 日最新修订通过的《中华人民共和国广告法》来看，除了第四十二条对户外广告的禁设场所进行强制规定外，其第四十一条规定："县级以上地方人民政府应当组织有关部门加强对利用户外场所、空间、设施等发布户外广告的监督管理，制定户外广告设置规划和安全要求。户外广告的管理办法，由地方性法规、地方政府规章规定。"❶《广告管理条例》第十三条规定：户外广告的设置、张贴，由当地人民政府组织工商行政管理、城建、环保、公安等有关部门制订规划，工商行政管理机关负责监督实施。也就是说，从国家层面并未对户外广告作详细的规定和要求，需要地方政府进一步细化和实施，而从现状来看，地方政府更多的是从户外广告的安全性角度进行规定，并未对户外广告的内容、色彩以及与风格等作出详细的要求。因此，对于户外广告的法律法规还需要进一步完善，建议从国家层面制定较为详细的法律法规，并对地方政府对户外广告具体负责的部门进行明确，防止出现户外广告管理中的责权不清现象，各级地方政府应该根据城市特点制定适合本地区的户外广告法规。

在城市日益突出的光污染方面，相关法律法规的制定就显得尤为重要。近年来，北京、上海、深圳、武汉等地纷纷出台了城市景观设置的管理办法，来规范大型 LED 等照明对环境和居民的影响。目前，对于光污染的立法基本都是地方性法规，并未上升到国家层面，缺乏系统性，不能从根本上解决城市发展过程中的光污染问题。尽管《民法典》《环境保护法》和《物权法》中提到了光的侵入，但没有明确的"光污染"界定标准和法律责任，也缺乏相应的监管权限，环保部门和城管部门很难强行介入，对光源强弱、视线高低等内容并未有明确的要求和规定。因此，国家应尽快对光污染进行立法，从源头上防止光污染，切实保护城市环境和人们的生活质量。

当然，在进行立法或修订的过程中，国外的一些成功经验值得我们借鉴。英国在对户外广告的法律法规进行修订时，由广告商、广告从业者和广告位的拥有者等共同组成调研小组对户外广告进行调研，根据其调研报告制定具体、详细的规定。美国的户外广告采取"三级"立法制，"联邦政府立法对户外广告的选址、面积大小和主要内容都做了严格规定。除联

---

❶ 《中华人民共和国广告法》（2021 年 4 月 29 日修订）.

邦政府的立法，在各州政府和市、县一级地方政府根据实际情况，做出了更为细致的法律规定。最后到地方立法，各级政府都设立有自己的法律，并且不断地具体化，可操作性强，美国户外广告的繁荣发展不得不归功于其严密的法律法规制度。"❶

另外，对于城市色彩、公共艺术、店面招牌等都缺乏国家层面的专项立法，或地方城市的相关规章制度还不健全、不完善，需要出台和修订相关的法律法规对城市视觉污染进行有效的治理，逐步建立完备的城市视觉形象管理法律体系。

### 2. 加强违法执法力度

除了完善立法，还要加强执法。从现状来看，有关城市视觉污染的执法弹性较大，一方面，由于执法主体不明确，多部门联合管理和执法导致相互推诿现象严重；另一方面，相关法律法规不完善，并未对很多细节进行明确的规定，执法人员很难把握。对于当前城市色彩不协调、公共艺术粗制滥造、光污染以及丑怪的城市建筑等由于缺乏相应的法律法规，很难对这些视觉污染进行法律层面的整治。因此，下面主要从城市户外广告的执法谈一些建议。

首先，加大对户外广告广告主的处罚力度。《广告管理条例施行细则》规定：非法设置、张贴广告的，没收非法所得、处五千元以下罚款，并限期拆除。尽管出台了对非法户外广告的处罚措施，但处罚力度明显不足，不足以威慑户外广告的违法行为。应针对不同程度的户外广告违法行为进行有差别的处罚，加大户外广告的违法成本，体现法律的威慑力，以法律震慑户外广告的违法行为。

其次，加强对户外广告从业者的处罚力度。对户外广告从业者实行注册登记制度，凡是从事户外广告设计、制作和安装的个人或法人，都应严格进行注册登记，否则视为违规行为。对违反户外广告管理条例的从业者视其违反情况实行罚款、吊销从业资格证书直至终身禁入制等处罚。当户外广告从业者出现严重违法行为后就很难再继续从事相关工作，让户外广告从业者做到不敢违法。

再次，建立户外广告监管的长效机制。对存在安全隐患和未经审批的户外广告加大整治力度，对违反行为做到严格执法，违法必究。坚持日常户外广告常态化监管和专项整治相结合，常态化监管可以做到"早发现，早治理"，可以有效遏制违规户外广告的出现；专项整治主要是针对治理

---

❶ 张勇. 长沙市户外广告管理现状及其对策研究[D]. 长沙. 湖南大学，2012.

难度较大的城市违法违规户外广告的集中治理，特别是一些长期存在的违规广告和造成严重安全隐患的违规广告，需要集中力量开展专项整治。另外，户外非法张贴"牛皮癣"小广告由于其随意性和普遍性特征，已严重影响了城市的市容市貌，也是户外广告集中治理的重点。因此，户外广告的治理必须建立长效的监管机制，加大监管力度，逐步提升规范，才能有效解决违规户外广告带来的城市视觉污染。

最后，加强户外广告内容的监管。户外广告内容一直以来是监管的难点，管理者对户外广告内容的鉴别具有一定的难度。一方面，户外广告内容必须真实、合法，不得发布欺骗和误导消费者的户外广告；另一方面，户外广告应避免内容低俗、趣味媚俗和色彩艳俗，不能被大众审美所接受的广告应坚决制止，保证广告内容的审美性和艺术性。对内容缺乏真实性的户外广告，应严格按照相关法律法规进行严格执法；而由于对户外广告的审美性并未有明确的规定和处罚措施，应及时联系广告主，对其予以指导和劝告，要求其撤换广告。

## 三、多方参与城市治理

在明确城市视觉形象管理主体的前提下，行业协会和公众参与共同管理的方式是有效解决城市视觉污染的重要途径。不断建立和完善行业协会和公众参与城市视觉形象管理的机制，对城市视觉秩序的建构和良好城市形象的塑造起到积极的推动作用。在城市发展和城市更新过程中，传统"自上而下"的管理方式已不适合城市发展的需求，城市管理应积极向城市治理转变。"治理（Governance）是一种在国家或地方治理中实现'社会共赢'的手段，旨在通过协调各相关者利益达到对社会资源高效的利用。"[1]城市治理是一个多方利益相关人员共同参与的过程，其核心是通过协调体现协作优势，达到利益的最大化。城市视觉形象是城市的脸面，需要城市中的每一个人共同维护，因此，需要政府部门、社会组织、行业协会以及公众共同参与城市视觉形象的治理，才能真正构建良好的城市形象。

### 1. 行业协会参与城市治理

参与城市视觉形象治理的行业协会一般是由设计师或艺术家组成，他们对体现城市视觉形象作品的艺术性和审美性的鉴别比普通人更有发言

---

❶ 邓海萍，李筠筠，孟谦，等. 广州与深圳城市户外广告规划与管理体系研究[J]. 规划师，2017（10）：44-50.

权，可以从专业的角度对城市视觉污染进行管理，是城市视觉形象管理队伍的有益补充。《中华人民共和国广告法》第七条规定："广告行业组织依照法律、法规和章程的规定，制定行业规范，加强行业自律，促进行业发展，引导会员依法从事广告活动，推动广告行业诚信建设。"❶从法律的角度规定由广告行业组织制定行业规范，而广告行业协会参与户外广告的审核和管理能进一步促进户外广告良性、健康的发展。《城市雕塑建设管理办法》中规定城市雕塑建设管理委员会协助主管部门管理和协调城市雕塑工作，但从现实来看，除了重大题材和重要政治、历史人物雕塑的立项需要通过城市雕塑建设管理委员会审核外，城市雕塑建设委员会很少直接参与城市雕塑的管理工作，也就不难理解为什么不少城市出现大量粗制滥造的劣质雕塑。

由于行业协会的专业性更强，行业协会参与城市视觉形象治理，一方面，可以强化对城市视觉形象的品质化治理，从专业的角度对户外广告、城市公共艺术、城市色彩以及照明设计等方面进行指导，鼓励采用新理念、新材料和新技术进行城市形象设计，提升城市视觉形象的文化品质和审美品质。另一方面，充分发挥行业协会的作用，加强对城市视觉形象从业人员和管理人员的培训工作，提高从业人员和管理人员的审美水平和艺术素养，更好地促进城市视觉形象的建构。

### 2. 公众参与城市治理

公众是城市的主人，城市形象的塑造需要公众共同的努力，城市的治理需要公众的积极参与。对于城市视觉污染的治理，公众参与的热情和程度还较低，参与的渠道较为单一，一般只限于问卷调查和座谈会的传统形式，其象征意义大于实质意义。随着城市化的不断深入，人们对于城市建设的参与将变得越来越广泛，需要积极制定科学的公众参与机制，引导公众参与城市视觉形象治理。在制定具体的法律法规时，应明确公众参与的渠道和形式，细化公众参与的程序，使公众参与城市视觉形象治理落到实处。随着互联网技术的不断进步，公众参与的渠道也变得多样化，可以利用网络、传媒等平台丰富公众广泛参与的方式。

诗意栖居的城市视觉环境建设需要公众的积极参与。"从美学角度说，城市发展规模越大，其美观性及美育设施建设就要上一个新的台阶。城市美育是每一个城市市民都应积极参与的领域。"❷公众的积极参与可以增加

---

❶ 《中华人民共和国广告法》（2021 年 4 月 29 日修订）.

❷ 周小兵. 城市美学漫谈[M]. 天津：天津大学出版社，2012：200.

居民对城市的认同感和归属感，有利于城市文化和城市环境的塑造。公众积极参与的前提是公众首先要意识到我们所生活的环境的现状以及认识到视觉污染对人们身心健康的危害。当前，我国公众对于视觉污染的认知程度还严重不足，参与意识比较薄弱，参与程度较低，我们相关管理部门甚至设计协会或美术协会应进一步加强环境视觉污染的宣传教育，走进课堂，走入社区，走上街头，采取更加生动的教育形式，使得更加贴近公众生活，使得参与城市视觉保护的意识贯彻于社会生活的各个方面。公众是城市视觉污染的直接受害者，随着公众对于视觉污染认知程度的不断加深，公众参与保护城市视觉环境的意识必然会得到一定程度的提高，那么，公众将会主动参与城市视觉污染的治理和监督。对于城市视觉污染，普通市民是最易接触和感受到的，完全可以成为城市视觉污染监督的最核心群体。因此，城市视觉污染的有效缓解需要公众的积极参与和监督。

1958 年 8 月，在荷兰召开的第一次城市更新研讨会上对城市更新这一概念有过这样的阐述："生活在都市的人，对于自己所住的建筑物，周围的环境或通勤、通学、购物、游乐及其他的生活，有各种不同的希望与不满，对于自己所住的房屋的修理改造，街道、公园、绿地，不良住宅区的清除等环境的改善，有要求及早施行，尤其对于土地利用的形态或地域地区的完善，大规模都市计划事业的实施，以便形成舒适的生活，美丽的市容等，都有很大的希望，包括有关这些都市改善，就是都市更新。"[1]城市视觉污染整治研究问题的提出，就是为了探讨解决当前城市化过程中出现的影响人们生活和城市视觉秩序的污染问题，旨在为构建良好的城市视觉形象和通过视觉形象传递城市特色文化而提出切实可行的实践方案。

改革开放以来，中国的城市建设经过了四十余年的快速发展，取得了令世人瞩目的成就。随着城市化的不断深入，越来越多的城市从一味追求经济发展向注重城市文化发展和人居环境转变，注重城市形象的塑造和城市文化的构建。各个城市深入贯彻新发展理念，以改善城市人居环境质量和推动城市发展模式为出发点，着力解决城市中包括视觉污染在内的"城市病"问题。城市视觉污染的整治是为了更好地塑造城市形象，提升城市品质和人居环境质量，让城市变得更美好，也为人们提供诗意的栖居环境。

# 第一节　城市更新与城市形象

城市更新是当下中国城市的一个热点问题，是城市发展到一定阶段必然要经历的过程。在四十余年的发展过程中，我国的城市更新经历了从大规模的旧城改造到城市更新发展的新阶段。城市更新不同于传统的大拆大

---

[1] 于今. 城市更新：城市发展的新里程[M]. 北京：国家行政学院出版社，2011：2.

建，而是把城市文化、环境改善、城市功能、城市公共空间的品质提升作为城市建设的重心。

20 世纪 90 年代，吴良镛教授在北京旧城改造的实践中提出了城市有机更新的理论。"无论从城市到建筑，还是从整体到局部，城市都如同生物体一样是有机联系、和谐共处的整体。因此，城市建设应该遵从城市内在的秩序和规律，顺应城市肌理，采用适当规模和合理尺度，依据改造内容和要求，妥善处理现在和将来的关系，在可持续发展的基础上探求城市的更新发展，不断提高城市规划的质量，使城市改造区环境与城市整体环境相一致。"❶尽管吴良镛教授的城市有机更新理论提出已有二十余年的时间，但其并未得到系统的应用，仅限于少数城市小范围的实践。随着城市化水平的不断提高，原有的城市发展模式和观念已经不能适应城市发展的要求和人们对城市的追求，越来越多的城市开始重视城市更新，对城市的生态环境、文化环境、视觉环境和空间环境等进行持续的改造和更新，使之更符合人们对城市的发展要求。

## 一、城市更新提升城市形象

2021 年 3 月，《国民经济和社会发展第十四个五年规划和 2035 年远景目标纲要》第二十九章提出：加快转变城市发展方式，统筹城市规划建设管理，实施城市更新行动，推动城市空间结构优化和品质提升。城市更新上升为国家战略，作为未来一段时期城市发展和建设的主要内容，标志着中国城市更新进入了一个新阶段。城市更新不是简单的物质更新，而是立足于城市文化的全面更新，成功的城市更新注重对城市环境的保护和城市文化的挖掘，通过城市更新进一步改造城市环境和提高城市文化的品位，塑造具有特色的城市形象。

城市更新有助于城市历史文化的传承。城市更新不是简单的修修补补，而是城市系统的全面升级，是城市高质量发展的主要手段，因此，城市更新要有科学的、长远的总体规划。在城市更新过程中，需要对历史建筑进行保护，历史建筑是城市发展的历史轨迹，浓缩了城市历史文化，是体现城市特色性和多样性的最主要载体。多年来，英国的城市更新机制和实践模式一直处于国际引领地位，对世界各国的城市建设和规划产生了很大的影响。英国注重城市遗产的价值，特别是大量保存完好的古典建筑，已经成为英国最具特色的城市文化和城市形象的代表，城市中新旧建筑的交替

---

❶ 秦虹，苏鑫. 城市更新[M]. 北京：中信出版集团，2018：19.

显现达到了完美结合。"这种新旧结合的表现形式实际上是城市更新要彰显城市遗产价值理念的表达。旧有建筑是城市的基因，承载着一座城市的历史文脉，具有重要的历史文化价值，只有充分尊重才有成功的更新。"❶因此，在城市更新中，只要经过科学的规划和精心的设计，城市的新旧建筑可以做到相互协调、相得益彰。

目前，国内一些城市在城市更新过程中也越来越重视对历史文化街区的保护。上海作为一座既繁华又现代的国际化大都市，城市更新成了上海可持续发展的不竭动力，外滩、新天地、田子坊等一个个具有时代记忆的历史文化街区，已通过城市更新焕发出新的活力，成了上海的"新名片"。田子坊在城市的更新中，从一个老旧的、普通的社区变成了世界级的文化创意街区。田子坊的改造，并未像其他很多历史街区那样搬走了原先的居民，田子坊不仅保留了原有的历史建筑，还保留了原先生活的居民和传统的邻里关系，保留了当地人们在生活过的街区里的存在感，给人温暖的生活气息。田子坊更新改造依托老弄堂石库门建筑和遗留下来的旧厂房进行改造，既保留了原有建筑的历史价值，又增添了现代的创意元素；既保留了老上海里弄喧嚣、拥挤的生活印迹，又体现了上海精致的小资情调。田子坊吸引了一大批艺术家和创意人才聚集在这里，通过自己的创意和艺术作品进一步展现了田子坊的艺术气息，被外界称为"上海的苏荷"和视觉艺术的"硅谷"。在城市更新理念下，广州的城中村改造摒弃了大拆大建模式，较好地处理了城市更新的传承问题。"截至 2017 年 3 月广州市实施的城市更新项目中，保护修缮文物古迹、工业遗产、历史建筑 121 处，总建筑面积 17.23 万平方米。"❷因此，通过城市更新保护和延续城市文脉，让城市留下记忆，让居民记住乡愁。

城市更新有助于城市视觉形象的提升。城市更新强调对城市文化的保护和传承，保持各个城市的特色文化性格，更好地塑造城市形象和城市个性。城市更新不仅包括对城市客观存在的实体的更新和改造，如对城市建筑的更新；还包括对城市整体公共空间环境的更新和改造，如文化环境、生态环境和视觉环境等。视觉形象作为城市的脸面，是体现城市现象和传递城市文化的最直接载体，是城市更新的重要组成部分。近年来，成都在城市更新中取得了巨大的成功，锦里、宽窄巷子、成都太古里、春熙路、东区音乐公园的更新和改造，到处洋溢着既古老又现代的时尚气息，已成为成都的标志和名片，极大地提升了成都的城市形象，给人留下了极其深

❶ 秦虹，苏鑫. 城市更新[M]. 北京：中信出版集团，2018：3.
❷ 金磊. 城市更新的国际借鉴与创意设计[J]. 上海城市管理，2018（01）：90-93.

刻的印象，受到中外游客的一致好评。成都太古里作为开放式的街区形态购物中心，汇聚了国际一线商业品牌，树立了国际大都会的潮流典范和品位，国际大牌与千年古刹大慈寺比邻相伴，传统与现代完美结合，增添了独特的历史和文化韵味。太古里与一街之隔的春熙路作为一个街区，其户外广告令人印象深刻，营造出浓浓的商业氛围，体现了城市的繁华与时尚。银石广场两端的大屏幕采用了 P6 高清显示屏，由燧石行影视科技创作的户外广告创意新颖，给人们以很强的视觉美感。因此，城市更新有助于城市视觉形象的进一步提升，让城市更美好。

## 二、城市更新彰显设计的力量

随着城市的不断发展，设计在城市更新中将起到越来越重要的作用，是促进城市更新最有效的手段。城市更新包括城市面貌的改变，城市面貌主要从城市建筑、城市色彩、户外广告以及城市公共设施等方面体现出来，而这些城市外在形象的改变需要借助于设计的力量。成功的城市更新无不显现出设计和艺术的魅力，通过创意和设计优化城市视觉秩序，推进城市视觉形象的不断更新。"在伦敦，处处可以看到城市更新中体现创意的设计。如河边的座椅一改单调款式，而被设计成彩色波浪形的、扬帆的帆船形的、弯曲手臂形的，与河的流动和游人的向往相互映衬；住宅被设计成全透明玻璃的，在现代建筑材料的装饰下增加了街道的美感；废弃的塑料瓶做成艺术品对外展示，处处提醒人们节能环保的理念；公共建筑的屋顶都是设计成可以观光的，体现城市是属于每一个居民的价值观；路口的建筑多是流线形状的，广告设计几乎是与建筑融为一体而难以分开的，绿色景观如同是自然天成的，难怪人们称伦敦是艺术的天堂。"[1]英国作为最早进行现代城市更新的国家之一，城市更新理念一直贯穿于现代城市建设的过程中，伦敦甚至还专门成立了创意产业局，通过创意产业的发展推动城市更新和城市形象的塑造，对于我国当下方兴未艾的城市更新具有很好的参考借鉴意义。

几年前，北京街头曾出现过"千店一面"的店面招牌，一条街上所有的店面招牌同一大小、同一样式、同一色彩、同一字体，完全失去了个性和特色。然而，随着北京城市的不断更新，通过立法的形式对户外广告和牌匾标识进行设计规划，通过设计改变"千店一面"的现象，展示首都城市文化风貌和提升城市艺术品质。按照"突出特色、一街一景、一店一匾"

---

❶ 秦虹，苏鑫. 城市更新[M]. 北京：中信出版集团，2018：4.

的要求，根据环境和功能需求进行规划设计，保留"老字号"牌匾的传统韵味，强调广告牌匾的特色性和差异性，构筑符合区域文化特质的视觉元素，使户外广告牌匾设计既能与城市风格相协调，又能体现商业街区活力。通过设计的介入为牌匾标识提供创意空间，避免样式、色彩、字体等视觉元素的同质化。

《国民经济和社会发展第十四个五年规划和 2035 年远景目标纲要》提出要推行城市设计和风貌管控，落实适用、经济、绿色、美观的新时期建筑方针，加强新建高层建筑管控。通过设计推动城市建筑的更新、城市环境的更新和城市管理模式的更新。在城市更新理念下，北京对南锣鼓巷进行街区更新，进一步优化人居环境，提升居民的生活品质，打造可视性强、特色鲜明的文化街区。比如，南锣鼓巷街区的古建筑坚持"修旧如旧"原则，通过精心的设计保持整个片区建筑风格的统一性，色彩以灰色为主，在房屋的立面修缮中统一采用灰色泥和砖，以达到色彩的协调。通过对南锣鼓巷街区的更新改造，更好地塑造传统胡同形象，让人们留住老北京胡同的乡愁和记忆。因此，在城市更新中不断彰显设计的力量，通过设计进一步传承了城市文化和城市精神。

# 第二节　城市有机更新与诗意栖居

城市有机更新是为了更好地打造可持续发展的城市环境，给人们提供健康、宜居的诗意栖居环境。城市发展的终极目标，是让更多的人诗意地栖居。"对于人类居住来说，'诗意的'标准，最重要的当然也就不只是城市的经济品质，而是一个和谐、自由的生活空间。这种审美化的城市空间的营构，一方面固然离不开经济及技术品质的保证，另一方面更主要的还是要真正做到'以人为中心'，在人与自然、个人与社会的亲近与和谐之中追求每个人的自由与自适。"❶文化和审美的缺失是当前包括视觉污染在内的城市病的根源所在。因此，在城市有机更新中对视觉污染进行整治，不仅是一种审美的观照，更是一种诗意的追寻。

## 一、城市更新中的环境美学

城市美学的核心问题是环境问题，通过环境塑造人，因此，城市更新

❶ 施旭升. 城市意象与诗意栖居[J]. 文化艺术研究，2010（10）：8-15.

应该更多关注人们所生活的城市环境，特别是与人们生活密切相关的城市建筑、公共设施、户外广告、城市雕塑等小空间，从城市文化和审美入手，为人们塑造具有视觉秩序美感的生活环境，让生活在城市里的人们更有认同感和归属感。

"我们对环境的需要并不仅仅是其结构良好，而且它还应该充满诗意和象征性。"❶城市有机更新是运用自然的和生态的观点和方法对城市进行更新和改造，追求城市与自然的和谐，以达到人与城市的和谐，人与自然的和谐。城市环境包括自然环境和人工环境，是自然美、社会美和艺术美的有机统一。城市环境美不仅可以给人们提供美好的居住环境，还可以为人们带来丰富的审美体验和精神上的慰藉。

城市自然环境主要指城市的山川、河流、植被等自然界中本身存在的部分，它是城市环境的重要组成部分，也是人类生活不可或缺的内容。许多城市以自然景观为基础，创造出以自然美为主的城市特色。以山水自然景观为特色的桂林，由于特殊的地理位置，桂林空间环境呈现出独特的喀斯特地貌，其"山青、水秀、洞奇、石美"四大特色所体现出来的自然美给人留下深刻的印象，就像置身于无限的风景画卷中。以热带海滨风景为特色的三亚，有着"东方威尼斯"的美誉，其美在于碧海蓝天和绿水青山的自然景观中，青山环绕、森林相拥、林海相融是三亚最具特色的自然景观；三亚的美在于原生态、无污染的自然环境，湛蓝的海水、柔软的沙滩、清新的空气，所体现出来的自然之美让人陶醉。在城市有机更新中，对城市自然环境最好的保护就是对城市和居民最大的贡献，能让城市居民在对自然美的欣赏中获得审美享受。

城市人工环境是指由于城市人类活动而形成的环境要素，包括城市物质环境和社会环境。城市视觉污染的整治就是为了更好地构建城市人工环境的视觉秩序，使城市建筑、户外广告、公共艺术、城市色彩以及城市照明等都能遵循美的规律，达到城市人工环境整体的和谐。在城市有机更新理念中，主张以人为本原则下的可持续发展观，对人居环境的重视程度不断提升，通过对居住环境、历史文脉和文化氛围的塑造和更新，不断提高城市环境的生活品质。近年来，随着城市化水平的不断提高，一些有条件的城市开始注重城市化的质变，通过有机更新理念指导城市更新实践。"表现为在城市空间得到一定扩展后，通过优化城市空间结构（自然和社会）、提升城市环境、强调城市文化等手段，逐步实现城市的质变、综合竞争力的增强。通过城市有机更新，一方面促进了经济发展，另一方面也改变了

---

❶【美】凯文·林奇. 城市意象[M]. 方益萍，何晓军 译. 北京：华夏出版社，2001：91.

城市面貌，实现政府所倡导的人与环境和谐共处的发展理念。"❶城市人工环境是城市有机更新的重要组成部分，通过对生活空间进行生态更新和改造，为人们提供健康、舒适的城市环境。

## 二、诗意的人居环境

随着城市的不断发展，在取得巨大进步的同时也出现了不少阻碍城市发展的问题，为了进一步推动城市发展和深化城市改革，2015 年 12 月，时隔 37 年再次召开中央城市工作会议，会议提出："城市工作要把创造优良人居环境作为中心目标，努力把城市建设成为人与人、人与自然和谐共处的美丽家园。"这意味着中国城市工作的重心从之前的发展经济转变为人居环境的建设，而"人与人、人与自然和谐共处的美丽家园"正是诗意的人居环境，是人们对于城市的精神追求和审美需求。诗意的人居环境是审美的，城市给人以美的享受。中国城市视觉污染的背后，隐藏着深刻的、复杂的社会因素，文化和审美的缺失是其重要原因。因此，诗意的人居环境需要创造审美的环境给公众以美的熏陶，不断提高公众的审美水平；同时，也需要公众有意识地培养自己的审美能力，才能更好地促进城市审美环境的建构，二者是相辅相成的。

诗意的人居环境是城市未来发展的必然，是城市发展的最终归宿。诗意的人居环境需要尊重自然环境，大自然是人居环境的基础，通过设计和规划保护自然环境，并不断彰显大自然的魅力和自然环境的特色。比如，杭州之美，不只在于其深厚的历史和丰富的人文景观，更在于其诗意的自然环境，有湖光山色的西湖，有秀丽迷人的西溪湿地，有"天下第一秀水"美誉的千岛湖，还有世界一大自然奇观的钱塘江潮。因此，在杭州城市的规划和更新中，独特的自然环境成为杭州塑造诗意人居环境的最大资本，政府提出立足于杭州的山水，努力打造美丽中国的样本。诗意的人居环境需要对城市建筑、街道、公共设施等进行合理的布局和更新，创造良好的视觉秩序，使城市更具艺术性和诗意，给城市生活以美的享受。深圳经过短短 40 余年的发展，从一个边陲小镇到国际化大都市，尽管缺乏厚重的历史文化底蕴，但深圳享有"设计之都""钢琴之城""创客之城"的美誉，通过设计和艺术的介入，深圳更具有艺术魅力和青春活力，深圳的城市形象给人留下了深刻的印象。

诗意的人居环境是一种理想的生存状态，是城市美学的最高境界，是

---

❶ 秦虹，苏鑫. 城市更新[M]. 北京：中信出版集团，2018：24.

人与自然的和谐统一，也是中国传统哲学观念中"天人合一"思想的体现。城市的核心问题是人的问题，人居环境的核心同样是"人"，诗意的人居环境需要每个人的共同努力。日本著名设计师原研哉认为："一座美丽城市的建成不是天才设计师的功劳，相反，一座城市最终的样子是生活在其中的市民的大量欲望相互冲突的结果……假如人们不再乱扔垃圾或者随地吐痰，这座城市便向前迈了一步。当涂鸦消失，损坏的街灯不再无人修理，且公厕开始自行保持洁净时，城市就更加文明。设计可以引导人们的欲望，使城市沿着好的方向发展。"❶因此，诗意人居环境的创造是一个漫长的复杂过程，需要设计师的科学规划和精心设计，需要多方参与的协同管理，需要公众的积极参与和审美品质的提高，共同为人类不断创造诗意的人居环境。

❶ 【英】Cereal 编辑部. 谷物 03：空之禅[M]. 北京：中信出版集团，2016：20.

# 参考文献

1. 【美】伊利尔·沙里宁. 城市：它的发展、衰变与未来[M]. 顾启源 译. 北京：中国建筑工业出版社，1986.

2. 【美】凯文·林奇. 城市意象[M].方益萍，何晓军 译. 北京：华夏出版社，2001.

3. 【古罗马】马克·维特鲁威. 建筑十书[M]. 高履泰 译. 北京：中国建筑工业出版社，1986.

4. 【英】W·鲍尔. 城市的发展过程[M]. 倪文彦 译. 北京：中国建筑工业出版社，1981.

5. 【英】爱德华·泰勒. 原始文化[M]. 连树声 译. 上海：上海文艺出版社，1992.

6. 【英】马凌诺斯基. 文化论[M]. 费孝通 译. 北京：华夏出版社，2002.

7. 【德】弗里德里希·恩格斯. 自然辩证法[M]. 于光远 等 译. 北京：人民出版社，2018.

8. 【美】柯林·罗，弗瑞德·科特. 拼贴城市[M]. 童明 译. 北京：中国建筑工业出版社，2003.

9. 【英】鹤路易. 中国招幌——西方学者解读中国商业文化[M]. 王仁芳 译. 上海：上海科学技术文献出版社，2009.

10. 【德】恩斯特·卡西尔. 人论[M]. 甘阳 译. 上海：上海译文出版社，1985.

11. 【德】哈贝马斯. 公共领域. 汪晖 译. 文化与公共性[M]. 北京：生活·读书·新知三联书店，1998.

12. 【美】维克多·帕帕奈克. 为真实的世界设计[M]. 周博 译. 北京：中信出版集团，2012.

13. 【美】刘易斯·芒福德. 城市发展史——起源、演变和前景[M]. 宋俊岭，倪文彦 译. 北京：中国建筑工业出版社，2005.

14. 【美】史蒂芬·海勒，薇若妮卡·魏纳. 公民设计师——论设计的责任[M]. 滕晓铂，张明 译. 南京：江苏凤凰美术出版社，2017.

15. 【英】Cereal 编辑部. 谷物 03：空之禅[M]. 北京：中信出版集团，2016.

16. 【加】简·雅各布斯. 美国大城市的死与生[M]. 金衡山 译. 南京：凤凰出版传媒集团，2006.

17. 【英】安德鲁·塔隆. 英国城市更新[M]. 杨帆 译. 上海：同济大学出版社，2017.

18. 【日】芦原义信. 街道的美学[M]. 尹培桐 译. 南京：江苏凤凰文艺出版社，2017.

19. 【日】芦原义信. 外部空间设计[M]. 尹培桐 译. 南京：江苏凤凰文艺出版社，2017.

20. 【澳】德波拉·史蒂文森. 城市与城市文化[M]. 李东航 译. 北京：北京大学出版社，2015.

21. 吴良镛. 人居环境科学导论[M]. 北京：中国建筑工业出版社，2001.

22. 吴良镛. 建筑学的未来[M]. 北京：清华大学出版社，1999.

23. 郑也夫. 城市社会学[M]. 北京：中国城市出版社，2002.

24. 单霁翔. 从"功能城市"走向"文化城市"[M]. 天津：天津大学出版社，2007.

25. 张鸿雁. 城市文化资本论[M]. 2 版. 南京：东南大学出版社，2010.

26. 张鸿雁. 城市形象与城市文化资本论——中外城市形象比较的社会学研究[M]. 南京：东南大学出版社，2002.

27. 梁思成. 中国建筑史[M]. 北京：生活·读书·新知三联书店，2011.

28. 冯骥才. 手下留情——现代都市文化的忧患[M]. 上海：学林出版社，2000.

29. 朱铁臻. 城市现代化研究[M]. 北京：红旗出版社，2000.

30. 凌继尧. 美学十五讲[M]. 2 版. 北京：北京大学出版社，2014.

31. 王中. 公共艺术概论[M]. 2 版. 北京：北京大学出版社，2014.

32. 徐恒醇. 生态美学. [M]. 西安：陕西人民教育出版社，2000.

33. 金定海. 中国城市观：中国城市形象传播策略研究[M]. 上海：上海三联书店，2015.

34. 天津社会科学院技术美学研究所编. 城市环境美的创造[M]. 北京：中国社会科学出版社，1989.

35. 孙湘明. 城市品牌形象系统研究[M]. 北京：人民出版社，2012.

36. 张京祥. 西方城市规划思想史纲[M]. 南京：东南大学出版社，2005.

37. 陈立旭. 都市文化与都市精神——中外城市文化比较[M]. 南京：东南大学出版社，2002.

38. 成朝晖. 人间·空间·时间——城市形象系统设计研究[M]. 杭州：中国美术学院出版社，2011.

39. 曲彦斌. 中国招幌与招徕市声——传统广告艺术史略[M]. 沈阳：辽宁人民出版社，2000.

40. 季欣. 当代建筑的审美反思[M]. 南京：江苏凤凰美术出版社，2016.

41. 宋立新. 城市色彩形象识别设计[M]. 北京：中国建筑工业出版社，2014.

42. 吴伟. 城市风貌规划——城市色彩专项规划[M]. 南京：东南大学出版社，2019.

43. 姚子刚. 城市复兴的文化创意策略[M]. 南京：东南大学出版社，2016.

44. 马泉. 城市视觉重构——宏观视野下的户外广告规划[M]. 北京：人民美术出版社，2012.

45. 秦虹，苏鑫. 城市更新[M]. 北京：中信出版集团，2018.

46. 周小兵. 城市美学漫谈[M]. 天津：天津大学出版社，2012.

47. 于今. 城市更新：城市发展的新里程[M]. 北京：国家行政学院出版社，2011.

48. 张钦楠. 阅读城市[M]. 北京：生活·读书·新知三联书店，2004.

49. 钱家渝. 视觉心理学：视觉形式的思维与传播[M]. 北京：学林出版社，2006.

50. 陈志华. 外国建筑史[M]. 北京：中国建筑工业出版社，2004.